JN237666

現場ですぐ使える

時系列データ分析

Time series analysis

データサイエンティストのための基礎知識

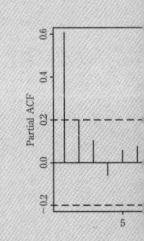

横内 大介／青木 義充 著
Yokouchi Daisuke　Aoki Yoshimitsu

技術評論社

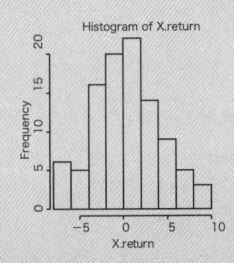

はじめに

　最近では官民ともに「ビッグデータ」の積極的な利用がホットトピックになっています。ビッグデータとは、データベースシステムや解析ソフトウェアで扱うにはサイズが大きいデータという単純な意味だけで使われることもありますが、むしろ最近では様々な種類・形式が含まれる**非定型性**と日々膨大に生成・記録される**時系列性**を併せもつデータという意味で使われるケースがほとんどです。

　なぜビッグデータというトピックが現れたのかと言えば、それはITなどの技術革新で大量のデータが容易に日々蓄積できるようになったこと、そしてそれらを、インターネットを通じて容易に共有できるようになったことなどが考えられます。さらに、著者らなりの解釈を加えるのであれば、現代の企業や組織は、ITの技術革新という潮流に身を任せているうちに図らずも膨大なデータを内に抱えるようになってしまった、そして多くの企業や組織でそれらのデータがある種の宝の持ち腐れになってしまった、だからこそ、この問題をどうにか解決してくれる人材がほしいというのが実社会からの要請であり、とどのつまり「データサイエンティスト」という存在の出現という形になったのだと理解しています。

　「データサイエンス」は、データの取得、浄化と加工、ブラウジング、解析、モデル化、モデルの妥当性の検証というフローをトータルに科学する学問ですから、真の「データサイエンティスト」とはフロー全体について熟知している存在を指しますが、昨今騒がれている「データサイエンティスト」は、特に企業や組織が保有している大規模データからITや統計手法を駆使して有益な結果を導く能力を持った人々を指して使われているようです。どちらの意味のデータサイエンティストであれ、データサイエンティストを目指す人にとってはビッグデータの活用は避けて通れません。つまり、ビッグデータの非定型性を乗り越えるた

めのデータの読解力とプログラミング力、そして時系列データの分析力を身に付けることはデータサイエンティストの必要条件ということになるでしょう。本書は、このデータサイエンティストの基礎知識の1つである時系列データ分析について、もっとも初歩的な単変量の時系列データに内容を絞って紹介します。取り扱うデータの種類は、株式の価格や収益率といった著者らが専門としているファイナンス時系列データが中心となりますが、最終章以外は他の分野の時系列データの分析にも共通する内容になっていますので、ぜひファイナンス分野以外の方にも活用していただければ幸いです。

　本書のデータ分析には、Rというフリーソフトウェアを使います。巷にはいろいろな統計ソフトウェアがありますが、本書では「さまざまなOS上で、無料で利用できる」、「グラフィカルな表現（データの視覚化）を通じて、対話的にデータ分析を進めることができる」、「時系列分析の道具（ライブラリ）が初めからそろっており、プログラミングやマクロなどの作成がほぼ不要」という3つの点を重視し、それを満たす唯一のソフトウェアであるRを分析ツールとして採用しました。インストール方法や利用方法については、本書の中でも詳しく説明するので、Rを全く使ったことがないユーザーでも心配せずに読み進めていってください。

　最後に、遅筆な著者らを辛抱強く待っていただいた技術評論社の成田恭実さん、いつも優しい笑顔で励ましてくれた妻と子供たち、そして著者らを引き合わせてくれた「データサイエンス」という学問に、この場を借りて感謝の意を表したいと思います。

平成25年12月
横内　大介
青木　義充

株式会社 QUICK とは
日本経済新聞社グループの金融情報サービス会社として、国内外の株式・企業情報、債券、金利、為替や投資信託などの情報提供を通じ、金融・資本市場にかかわる人々をサポートしています。
本書で利用した株価データは（株）QUICK より提供を受けております。なお、本書内の分析内容や意見は筆者個人に属するものであり、（株）QUICK の意見を示すものではありません。

目次

はじめに 3

CHAPTER 1 時系列データのリテラシー

- 1-1 時系列データとは 10
- 1-2 時系列データと確率分布 16
- 1-3 株式収益率の時系列データ 20
- 1-4 時系列分析に向けて 23
- 1-5 Rによるデータ分析の準備 26
- 1-6 本書を読む上での注意点 34

CHAPTER 2 時系列データの観察と要約

- 2-1 時系列データを観察する 38
- 2-2 時系列データの分布と要約 47
- 2-3 統計的仮説検定について 59
- 2-4 時間依存の発見 66

CHAPTER 3 時系列データの時間依存と自己回帰モデル

- 3-1 時間依存の表現 74
- 3-2 時系列データの性質〜定常性について〜 82
- 3-3 自己回帰モデルの導入 88
- 3-4 単位根過程について 95

CONTENTS

CHAPTER 4 【応用編】ホワイトノイズから分散不均一構造へ — ARCH、GARCH モデルの活用 —

- 4-1 自己回帰モデルの当てはめ残差を調べる ………… 102
- 4-2 ARCH モデルと GARCH モデル ………… 113
- 4-3 非正規な標準化残差をもつ GARCH — skew normal 分布を例に — ………… 124
- 4-4 シミュレーション — リスク指標 VaR を測る — ………… 132

CHAPTER 5 【実践編】時系列分析の投資への応用

- 5-1 収益率という2次データ ………… 138
- 5-2 見せかけの回帰が引き起こす問題 ………… 143
- 5-3 共和分を利用した株式投資への応用 ………… 149
- 5-4 クラスタリングのペアトレーディングへの活用 ………… 154

付録 A ファイナンス理論と統計数学

- A-1 収益率、対数差収益率と正規分布 ………… 172
- A-2 線形モデル ………… 176
- A-3 CAPM ………… 179
- A-4 定常な AR(1) モデルに従う確率変数列の基本統計量 ………… 181

付録 B R 言語の基礎

- B-1 ベクトル ………… 187
- B-2 データ型 ………… 189
- B-3 因子変量 ………… 191

B-4	時間	193
B-5	ベクトルの要素取得と削除	194
B-6	ベクトルの演算	196
B-7	行列	197
B-8	行列の要素へのアクセス	200
B-9	行列の演算	202
B-10	リストとその操作	204
B-11	データフレーム	206
B-12	データのインポート、エキスポート	209
B-13	関数	210
B-14	繰り返し処理の for 文、条件分岐の if 文	213
B-15	ヘルプの呼び出し	215
B-16	グラフ描画の基本関数 plot	216

参考文献 221
索引 222

CHAPTER 1

第 1 章

時系列データのリテラシー

第 1 章 の ポ イ ン ト

- [ ] 時系列データと点過程データの違い
- [ ] 時系列図を含む、典型的な統計グラフの読み取り方
- [ ] 時系列データのモデル化における確率分布の役割

CHAPTER 1-1 時系列データとは

時系列データは、対象のある側面を特定の時間間隔で観測した結果の集まりです。たとえば、東京の毎日の気温を記録し保存すればそれはまさしく時系列データですし、証券の終値を営業日間隔で観測した結果も時系列データになります。つまり、通常の時系列データでは観測者によって観測の時間間隔が設定されます。

その一方で、事象が生起した時間に意味があるデータも存在します。たとえば、地震観測データです。地震データでは地震の発生時刻やその時間間隔が大きな意味を持っています。しかし、その発生間隔を観測者が設定できるわけがありませんから、先の時系列データの定義には合致しません。他にも、為替取引がリアルタイムに記録されたティックデータはこの種の事象の生起時間に意味のあるデータに該当します。為替のティックデータとは、取引が成立するたびに、その時刻、価格、ボリュームなどを記録したデータのことを指します。まれにティックデータを時系列データと呼ぶ人がいますが、データの背景を考慮すれば厳密に区別すべきです。通常、この種のデータは**点過程**（ポイントプロセス）**データ**や**マーク付き点過程**データと呼ばれます。ここでマークとは事象が生起したときに記録される発生時間以外の値を指します。

この２つの区別はデータを視覚化する際に明確にしておく必要があります。時系列データは、一般的によく見かける図1-1（左）のような折れ線グラフで表現します。横軸は観測時間、縦軸はその時点での観測対象の値を示しています。一方、マーク付き点過程データは、図1-1（右）のように生起した時点に観測対象の値を示す縦棒を描いていきます。横軸と縦軸は、観測された時刻と観測対象の値を示しています。先の例で言えば、各地震の生起時間とそのマグニチュード、為替取引の各取引の

1-1 時系列データとは

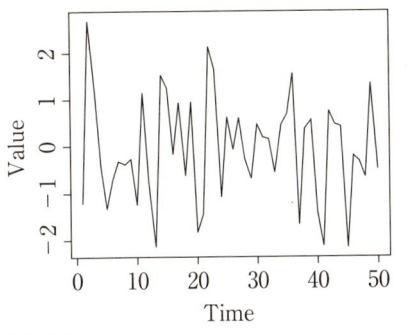

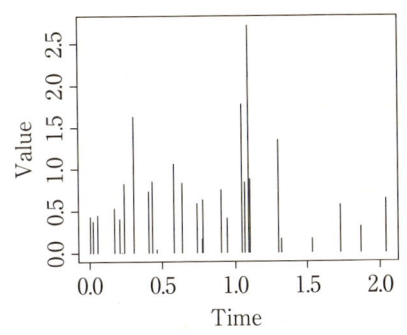

図 1-1 時系列図と点過程図

成立時刻とその取引価格、といった関係になっています。

マーク付き点過程の図は縦棒で値が描かれるので、これを安易に**棒グラフ**と呼ぶ人がいますが、それは大きな間違いです。なぜなら棒グラフは**類別変量**の計数データを表現する手法だからです。類別変量とは観測対象の分類を表す変量です。たとえば、「男性と女性」、「L、M、S」のような観測対象の区別を与えるデータが類別変量になります。Lをもつ記録の数が4、Mが12、Sが7とすれば棒グラフは図1-2のようになります。

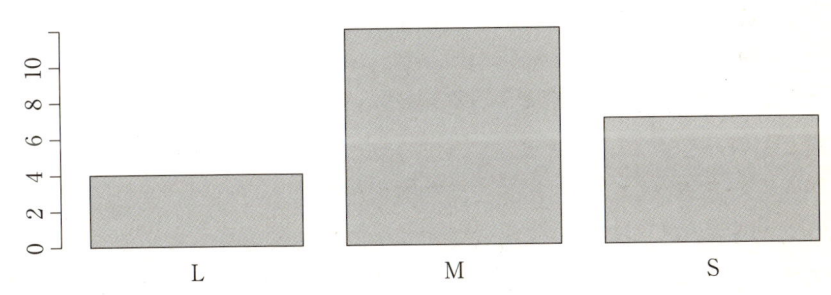

図 1-2 棒グラフ

また、**ヒストグラム**と呼ばれるグラフも棒グラフと形状が良く似ていますが、2つのグラフの目的は大きく異なります。棒グラフの目的が類別変量の要約なのに対し、ヒストグラムは数値変量の要約がその目的だからです。ヒストグラムでは、対象とする数値変量の定義域を重複のな

い区間に分割し、その区間にいくつの記録が含まれるかを数え、当該区間上の棒の高さとして図示します。たとえば、

$$1.7 \quad 3.0 \quad 1.8 \quad 0.2 \quad 0.4 \quad 2.6 \quad 4.1 \quad 2.7 \quad -1.2 \quad 1.7$$

という10個の記録をもつ数値変量であればヒストグラムは図1-3のようになります。

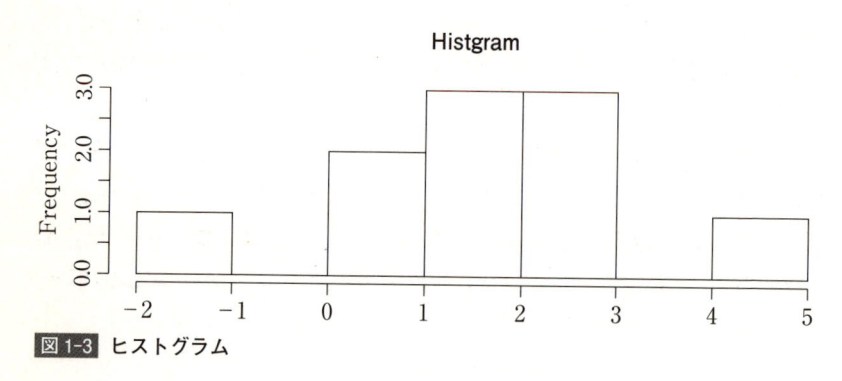

図1-3　ヒストグラム

-2から-1までに1個、-1から0までには0個、0から1の間には2個という具合に、区間（階級の幅）を定め、それに該当する記録の個数を棒の高さとして表現していることがわかります。なお、ヒストグラムと棒グラフが視覚的に最も異なる点は、各棒の間のスペースの有無です。これは変量が離散なのか連続なのかということを考慮して描画しているからにほかなりません。

ヒストグラムと棒グラフに関連して少しだけ発展的な話をします。データをある**確率変数**の実現値の集まりだと仮定します。確率変数を知らない読者もいると思いますので、ここでは「確率変数＝重複の値を許す無限の目を持つサイコロを振る作業のこと」、「確率変数の実現値＝サイコロを無条件で転がして出た目」と考えてください。なお、サイコロの目は連続値をとるものの、各値がどのような割合で出現するかは不明だとします。この時、サイコロを十分大きな回数振って、その出た目のデ

ータを作ります。そして、このデータに基づいてヒストグラムを描きます。ヒストグラムにおいて、特定の区間の棒が高ければこのサイコロはその区間の目は出やすいということになり、低ければ出にくいということを意味します。サイコロには目の出やすさを表す「真の割合」、つまり確率が存在しますから、このヒストグラムの棒の総和を1に直せば、棒の高さは確率の推定値となることがわかります。なお、実際の「真の割合」は関数を用いて表され**密度関数**と呼ばれています。また、目が離散値をとる場合はヒストグラムではなく棒グラフが描かれますので、これが「真の割合」を表す関数の推定値となります。このとき関数は、密度関数ではなく**確率関数**と呼ばれます。

いろいろな確率・統計の書籍で**確率分布**という言葉が使われますが、これは簡単に言えば先のサイコロそのものをさす言葉です。そして、有名なサイコロには名称がついており、たとえば**正規分布**、ガンマ分布、指数分布、二項分布、ポアソン分布などがあります。特に正規分布は最もよく出てくる確率分布であり、

$$f(x) = \frac{1}{\sqrt{2\pi\sigma^2}} \exp\left[\frac{-(x-\mu)^2}{2\sigma^2}\right], \quad -\infty < x < \infty$$

という密度関数 $f(x)$ を持ちます。正規分布における確率はこの密度関数を積分することで求めることができます。たとえば、$a < x \leq b$ を取る確率は $\int_a^b f(x)dx$ と計算できます。なお、積分の定義より1つの点、たとえば $x=0$ を取る確率は $\int_0^0 f(x)dx = 0$ となりますので注意してください。

正規分布のパラメータ μ, σ^2 はそれぞれ平均と分散と呼ばれる確率分布の特性を示しています。特にパラメータ $\mu=0, \sigma^2=1$ をもつ正規分布は**標準正規分布**と呼ばれます。図1-4は、平均はともに0、分散が1と4になっている2つの正規分布の密度関数を図示したものです。分散が4の密度関数は分散が1のものに比べて幅が広くなっていることがわか

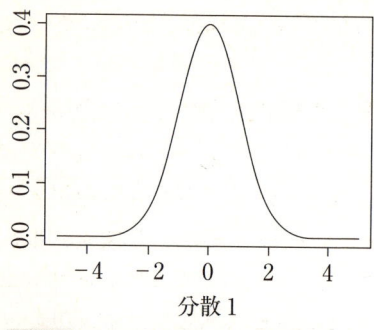

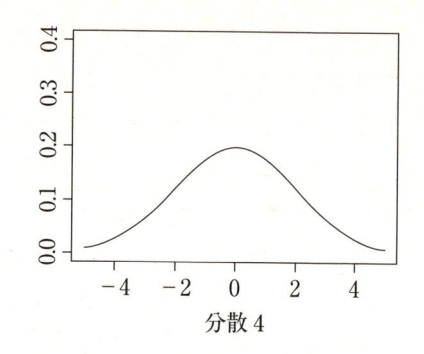

図 1-4 2つの正規分布の密度関数

ります。つまり、分散が大きくなるとその確率分布から得られる標本のバラツキは大きくなるということになります。この分散の平方根 σ は**標準偏差**と呼ばれ、分散と同じく標本のバラツキ具合を示す指標としてよく用いられます。なお、分散（標準偏差）は常に正の値をとりますので注意してください。

図 1-5 の左のヒストグラムは、R を用いて標準正規分布に従う乱数を独立に1000個発生させて描いたものです。そして、右のヒストグラムは、左のヒストグラムの総和を1に基準化して（要は左のヒストグラムの棒の値をデータの個数である1000で割って）再描画したものであり、さらにその上に標準正規分布の密度関数を重ね描きしています。図を見てもわかるように、右のヒストグラムは標準正規分布の密度関数の良い

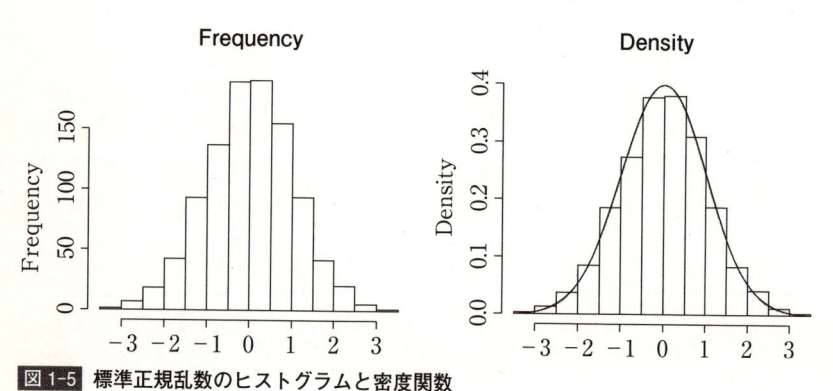

図 1-5 標準正規乱数のヒストグラムと密度関数

近似になっているので、1000個の乱数は確かに標準正規分布に従っていると思われます。

　実際のデータ解析の現場でも、密度関数や確率関数の形状を調べる道具としてこのヒストグラムや棒グラフが使われています。何の気なしに使っている分析者が多いのですが、実は分析者がヒストグラムを描きそれを妥当だと判断したら、「データは同一の確率分布からの独立に抽出した標本の集まりである」と決定したことになります。実際、ヒストグラムを書くということは1つの確率分布の密度関数の形状を調べようということにほかなりません。しかも、ヒストグラムでは標本抽出の順序は考慮していません（つまり無作為の復元抽出です）から、毎回の標本抽出は互いに独立であることも認めていることになります。

　もし時系列データに対してこのようなヒストグラムを作り、それを妥当なものだと判断したのならば、抽出順（時間情報）は全く無意味であるということになりますが、本書で扱う時系列分析では、この時間情報を重要な情報源であると考えます。時間情報の活用方法はさまざまありますが、最もシンプルな方法は時系列データをうまく説明する時系列モデルをデータに適用することです。次節ではそのための基礎知識である時系列データと確率分布の関係について整理したいと思います。

CHAPTER 1-2 時系列データと確率分布

　時系列データとして観測対象を記録するということは、観測対象が連続時間上で変化しているということを暗に仮定していることになります。実際、私たちが時系列図を描くときも、観測の時点間（観測がなされていない時間帯）を直線という最も単純な関数で補間し、観測対象が連続時間で変化しているという事実を無意識のうちに反映させています。つまり、時系列データの収集とは「観測対象ないしその属性が連続時間上で変化すると仮定し、それらを事前に定めた時間間隔で記録する」という作業にほかなりません。

　観測対象が連続時間で変化していると仮定したときの時系列分析の主な目的の1つは、観測対象のモデル化、つまり観測対象をうまく表現する連続時間を引数とした関数（本書では連続時間の関数と呼ぶことにします）を記録した時系列データから読み取ることです。しかしながら、そのような連続時間の関数をデータから見つけ出すことは、次にあげるようないくつかの理由が存在するため、とても困難です。

- 連続時間の関数の形が不明である。しかも連続時間の関数は無限に考えられるので、すべての関数の当てはめを試すことは物理的に不可能である。
- 観測対象が従う関数の形は、時間の経過とともに変化する可能性がある。つまり、推定対象の関数は期間を通じて1つであるという保証はない。
- 関数の形が明示的にわかった（分析者が強制的に設定した）としても、観測にはノイズが混入するので関数のパラメータの正確な推定は容易ではない。

もちろん、これらがすべての理由というわけではありませんが、これらの理由だけでも、連続時間の関数のデータからの読み取りが、それほど容易な作業ではないということがわかるかと思います。そこで実際に行われる時系列データ分析では、観測対象が従うであろう関数のクラスを、観測者や分析者の知見、先行研究、予備的なデータの分析を通じて絞りこみ、その中のなるべく単純化した時系列モデルを使って観測対象を表現することを目指します。

時系列分析で最もよく用いられる単純化は、連続時間の関数を離散時間の関数に置き換えてしまうやり方です。これは、図1-6（左）から（右）に時系列図を変化させたように、補間された直線を一切考慮しない形式に変化させることを意味します。言い換えれば、観測時点ごとにある現象が発生するとみなしているわけです。ですから、たとえば各事象の発生の裏に確率分布の存在を仮定すれば、対象の確率分布を用いたモデル化が可能になります。それではある株式の**日次収益率**のデータに対してこの考えを適用してみましょう。なお、株式の日次収益率 R_t は、t 日の株式の終値を S_t として $R_t = \dfrac{S_t - S_{t-1}}{S_{t-1}}$ と定義されます[注1]。

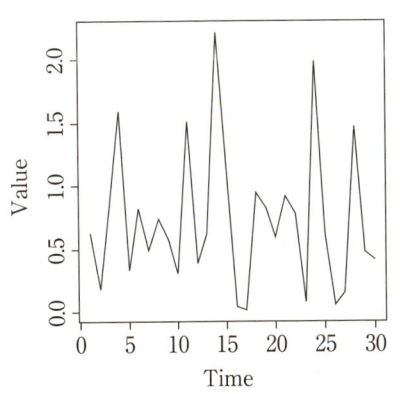

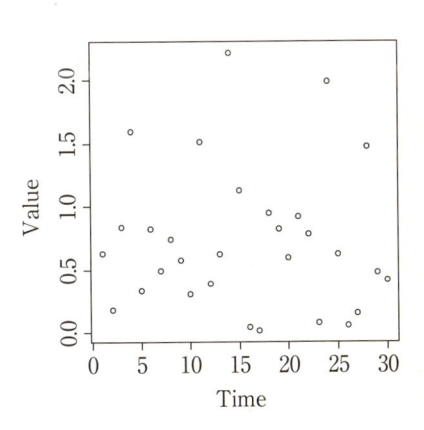

図1-6 連続時間関数から離散時間関数へ

1-1に登場したサイコロの例を活用して、取りうる日次収益率の値が目になっている**サイコロを1つだけ考える**ことにします。そして、神様がサイコロを毎日1回振っていて、それがある株式の日次収益率として市場で観測されていると仮定します。この場合、株式の日次収益率のモデル化は、神様のサイコロが示している1つの確率分布を見つけることと同値です。ただし、確率分布と一口にいってもさまざまな分布がありますから、適切な確率分布を見つけることはそれほど容易なことではありません。そのため、この種のデータのモデル化では、実務、学術、どちらの分野でも、正規分布という扱いやすい性質をもった確率分布を仮定してモデル化することが多いです[注2]。このような正規分布の仮定を用いる理由はさまざまありますが、その理由の1つは収益率データの分布の形状が正規分布に似ているという点にあります。

　それでは正規分布を用いた収益率のモデル化を行います。第一の目標は未知パラメータである μ と σ をデータから推定することにあります。これらのパラメータの推定値はそれぞれデータから求めた標本平均と標本標準偏差（または標本不偏標準偏差）の値が最もふさわしいことが古典的な統計学でわかっていますので、計算はとても簡単にできます。2つのパラメータを推定した後、今度は推定された正規分布が実際のデータをどの程度上手に表現しているかを調べる必要があります。もし、うまく説明できていなければ、正規分布の仮定を見直さなければなりません。このような分布の適合の具合を調べるためには、**QQプロット**というグラフィカルな道具や**適合度検定**とよばれる仮説検定を用いる必要があります。これらの道具はRなどの標準的な統計ソフトウェアには標準装備されているので計算はとても簡単にできますから、これらの結果

注1
収益率と正規分布に関する詳しい説明が付録A-1にありますので適宜参照してください。

注2
根拠のとぼしい仮定をいきなりおくことは、分析の信頼性を著しく落とします。このようなモデル化を行うときは、正規性の仮定をおいてよいかどうかの予備的な分析も必ず行いましょう。詳しくは参考文献にある拙著 [3] を参照してください。

がよければ、収益率の正規分布への当てはめは終了ということになります。なお、QQ プロットや適合度検定という2つの道具については統計学の入門書や拙著［3］にも詳しい説明がありますので、適宜そちらを参照してください。

　ここで思い出してほしいことがあります。1-1 の最後に、時系列分析は時間の情報を活用することを目的としているという趣旨の説明をしましたが、ここで説明した正規分布を用いたモデル化ではどこにもその情報が使われていません。これは神様が単一のサイコロを毎日振り続けていると仮定したからです。一方、時系列モデルとよばれるモデルの多くは、単一のサイコロを振ると仮定せずに、各試行ごとに異なるサイコロを振るというモデル化を行います。言い換えれば、各時点ごとにサイコロを変化させることで観測対象の時間変化を精緻に説明しようというのが、一般的な時系列分析における時系列データのモデル化のアプローチになります。そこで次節では、明らかに単一のサイコロは表せない実例を取り上げ、時系列データのモデル化の基礎中の基礎について説明したいと思います。

CHAPTER 1-3 株式収益率の時系列データ

　統計手法の多くは、データを「同一の確率分布から得られた、互いに独立な標本の集まり」と見なしています。言い換えれば、データはある1つの確率分布から無関係に複数回標本を抽出したときの標本の集団というわけです。この仮定は、しばしば「データは**独立同一分布に従う**」という言われ方をしたり、英語の略記で **i.i.d.** (independent and identically distributed) と表現されたりします。1-2で行った確率分布を用いた日次収益率のモデル化もこの仮定の上で成立する分析方法でした。他にも、数多くの統計手法でこの仮定が使われています。たとえば、母集団の平均が特定の値になっているか否かを調べる t 検定でもこの仮定は必要になります。実際、基本的な統計的仮説検定のほぼすべてがこの独立同一分布の仮定をもとに構成されているといってよいでしょう。裏を返せば、データが独立同一分布という仮定を満たしていないにも関わらず、これらの道具でデータの分析を行ったならば、その結果は正しくないというわけです。実はこのような独立同一分布とはみなせないデータは私たちの回りにたくさん存在します。実例として、自動車会社であるマツダの株式の日次収益率データを紹介しましょう。

　日次収益率が独立同一分布に従うならば、ある日の収益率の値はそれ以前の収益率の値とは一切無関係ということになります。そうであるならば、少なくとも収益率のグラフには時期に応じて特定の傾向が見られないということになります。図1-7はマツダの日次収益率の時系列図で、2012年10月から2013年3月までのデータが記録されていますが、比較的正の値をとることが多いことが見て取れます。さらに11月から12月までの間は極端に正の収益率が多く記録されていますので、この部分に関して言えば特定の傾向がないとは言えないでしょう。実際、この間

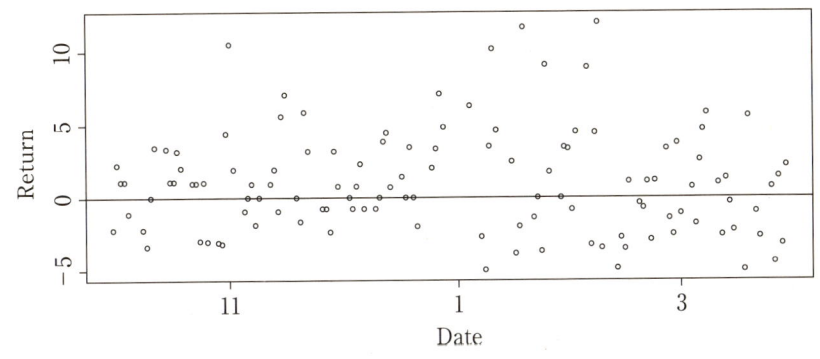

図1-7 マツダの日次収益率の散布図

の株価は右肩上がりになっています注3。または、前日が正の収益率であれば次の日も正の収益率が出やすいという依存構造が存在するという見方も可能でしょう。一方、1月以降は、大きな正の収益率が記録されるようになっていますし、負の収益率の方も以前の値よりも少し大きな値が記録されているようです。また、正の収益率が連続するような依存構造も消えているように見えます。

以上の事実をまとめると、11月から12月の期間は「当日の収益率の値が過去の収益率の値に依存している」か、または「この時期の収益率は、平均が正でバラツキが非常に小さい確率分布からの標本である」ということになります。そして1月以降は「当日の収益率と過去の収益率の間に何らかの関係は見えない」、または「バラツキの大きい確率分布に変わった」ということになります。これらの事実を統計学的に解釈すれば、「11月から12月の期間は独立な標本ではなかった」、または、「時間の経過とともに確率分布が変化した（つまり同分布からの標本ではない）」となります。ですから、もし「データが独立一同分布する」と仮

注3
マツダは他の自動車会社と比べて工場の海外移転が進んでおらず民主党政権下での円高ドル安に苦しんでいたのですが、11月の政権交代により自民党主導の大胆な金融緩和が行われると予想され、それに伴う円安ドル高の期待から株価は一本調子で上昇しました（図5-1を参照）。

定して分析をすれば、近似精度の悪いモデルや誤った分析結果を導くことになるでしょう。

　次節では、このマツダの日次収益率データのモデル化の例を通じて、時系列分析でよく用いられる代表的な2つの時系列モデルを紹介したいと思います。

CHAPTER 1-4 時系列分析に向けて

　本節では先のマツダの株式の日次収益率のモデル化を考えます。1-3 での議論を踏まえると、このモデル化では次の事実のいずれかをモデルに反映する必要があります。

Ⅰ．当日の収益率の値が過去の収益率の値に依存する。
Ⅱ．バラツキが日々変化する。

　これらの事実は、実はどちらも確率分布が時間変化するという仮定をおくことで説明が可能になります。いわゆる、1-2の最後に説明した「神様が日次収益率のサイコロを振るたびに、サイコロを取りかえる」という仮定です。Ⅰのような依存構造は一見、確率分布とは関係ないように見えますが、各時点での確率分布の平均が過去の収益率の値に依存するようにモデルを構築すれば説明できます。

　簡単な例を使ってもう少し詳しく説明しましょう。t 時点での収益率を示す確率変数を R_t として、収益率が $R_t = a + bR_{t-1} + \varepsilon_t$ という構造を持っていると考えます。ここで a と b は定数で、b の絶対値は1を超えない値とします。また、ε_t は平均0、分散 σ^2 の確率分布に従う確率変数であり、誤差項の役割を果たしているとします。式からも明らかなように R_t の値は R_{t-1} の値に依存して決まるので、Ⅰの依存構造の一種であることがわかります。もし現在が $t-1$ 時点だとして R_{t-1} の実現値 r_{t-1} が観測できたとすると、実は R_t は平均 $a + br_{t-1}$、分散 σ^2 に従う確率変数になります。つまり、まだ観測されていないある日の収益率の確率分布は、その前日に観測した収益率の値に依存して変化しますから、神様の振るサイコロの平均は毎回変化しているというわけです。このような

枠組みのモデルのことを一般に**自己回帰モデル**（Autoregressive model, **AR モデル**）と呼びます。このモデルについては第 2 章で詳しく取り上げる予定です。

Ⅱのような構造を持つ場合はどうすればよいでしょうか。1-1 で説明したように確率分布の分散や標準偏差はバラツキを示すので、これらを時間依存の関数で表せばよいことになります。そのような方法の 1 つとして、AR モデルと同一の自己回帰的な構造を用いて現在の分散を過去の分散の値で説明する**自己回帰条件付分散不均一モデル**（Autoregressive conditional heteroscedasticity model、ARCH モデル）があります。たとえば、ARCH（1）は $\sigma_t^2 = a + b\sigma_{t-1}^2$ と記述されますが、この式を見てわかるように t 時点の誤差の分散と $t-1$ 時点の誤差の分散の関係は自己回帰モデルのそれとよく似ているため、ARCH モデルには「自己回帰」という名前がついています。「条件付き」という言葉がモデル名に付いた理由も、σ_t^2 が $t-1$ 時点の情報で予測可能であると仮定して作られたモデルだからです。この ARCH モデルや、それを一般化した **GARCH モデル**（Generalized ARCH model）を使った分析については 4 章で紹介します[注4]。

通常の時系列解析では時間情報をモデルの中に取りこみますが、あえて時間情報を無視して時系列データを独立同一分布からの標本の集まりとみなし、データ分析をすることもあります。たとえば資産価格理論というファイナンスの有名な理論では、証券の収益率を独立同一分布からの標本とみなしてその理論を構築しています。そのため実際の投資会社でも、データの中身をほとんど調べることなく勝手に独立同一分布からのデータだと思い込んで、分析を始めてしまうケースも珍しくありません。もちろん、それらが本当に独立同一分布からの標本と見なしてよいケースであれば特に問題は生じませんが、実際はその仮定をおくことが

注4
ARCH モデルを開発したロバート・エングルは、2003 年、経済の時系列分析手法の確立した功績でノーベル経済学賞を受賞しています。

はばかられるデータがしばしばあります。5章ではそのような例として、**単位根過程**という確率過程に従う時系列データを、独立同一分布からのデータとみなし回帰分析した際に生じる大きな問題の1つである「**見せかけの回帰**」を紹介します。そして、この単位根過程に深く関連する「**共和分**」という概念についても解説し、そのメカニズムを利用した投資戦略である「**ペアトレーディング**」を紹介します。なお、この「ペアトレーディング」は、ヘッジファンドという絶対利益を追求する投資集団がよく用いる基本戦略の1つです。

　本書の内容を理解するうえで必要となる数学の基礎知識の一部は巻末の付録Aで紹介しています。必要に応じて適宜参照してください。もちろんすでに理解している読者は読み飛ばしていただいてかまいません。また、本書のデータ解析はRというフリーソフトウェアを使います。次節でRのセットアップと本書の演習用のデータのダウンロードを説明しますので、必要に応じて目を通してください。

CHAPTER 1-5 Rによるデータ分析の準備

・Rのセットアップ

　本書ではフリーの統計ソフトウェアであるRを使ってデータ分析を進めます。Rをすでにインストールしている方は、この項目は読み飛ばし**演習データのダウンロード**という次の項目に進んでかまいません。

　Rはニュージーランドのオークランド大学のR. イハカとR. ジェントルマンによって開発された統合統計解析環境です。Rの大きな特徴は、AT&Tベル研究所でJチェンバースらによって開発されたデータ解析言語Sの設計思想、言語処理、関数をほぼそのまま引き継いでいるという点です。ですからRは事実上Sのパブリックドメインソフトウェアであり、S言語の開発が終了している現在ではその後継ソフトウェアと言えるでしょう。実際、現在のR development core teamにはJ. チェンバースも参加しているようです。ちなみに、読者のみなさんにとってSはRと同様にあまり聞きなれない言語かもしれませんが、1998年にACMソフトウェアシステム賞を受賞した優れた統計解析言語です。

　Rの最新版は、Rプロジェクトのホームページ

http://www.r-project.org/

からダウンロード可能です。なお、ホームページはすべて英語で記載されていますので、本書ではダウンロードまでの手順を図入りで説明することにします。ホームページ左のメニューバーの中にある"Download, Packeges"の下にあるCRANというリンク（図1-8　楕円の中）をクリックすると図1-9のような各国のダウンロードページへのリンクが表示されます。日本のダウンロードサイトはHPの中段あたり（図1-9の四角の中）にありますので、お好きなところをクリックしてください。

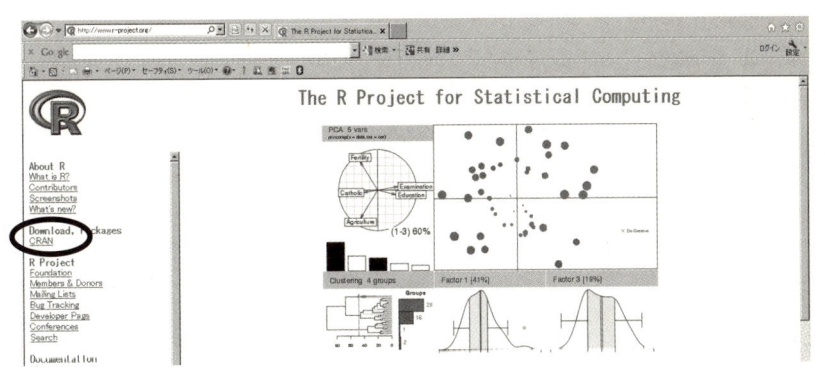

図1-8 Rプロジェクトのホームページ

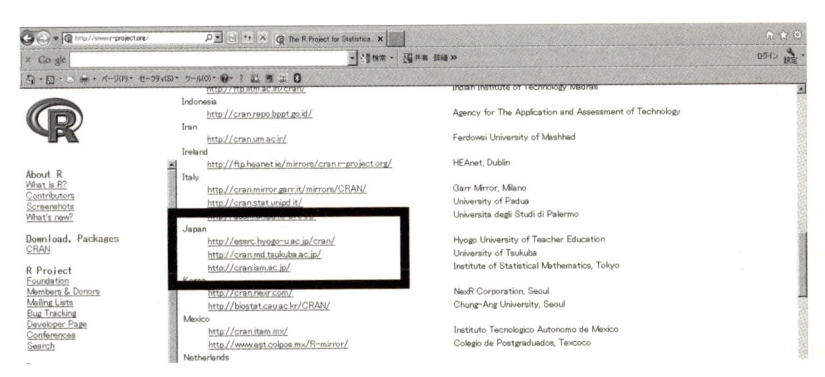

図1-9 各国のダウンロードページ

　リンクをクリックすると図1-10のようなダウンロードのページが現れます。右ページの上段（図1-10の四角の中）に"Download R for Linux"（Linux用）、"Download R for MAC OS X"（MAC OS X用）、"Download R for Windows"（Windows用）の3つのOSに対応したインストールデータがダウンロードできるページへのリンクが記載されています。お使いのOSに合わせてリンクをクリックしてください。

　本書ではWindows版をダウンロードしたと仮定して話を進めることにします。他のOSへのインストールについては、本書のサポートページに上智大の加藤剛先生が書いたマニュアルがおいてありますので、そ

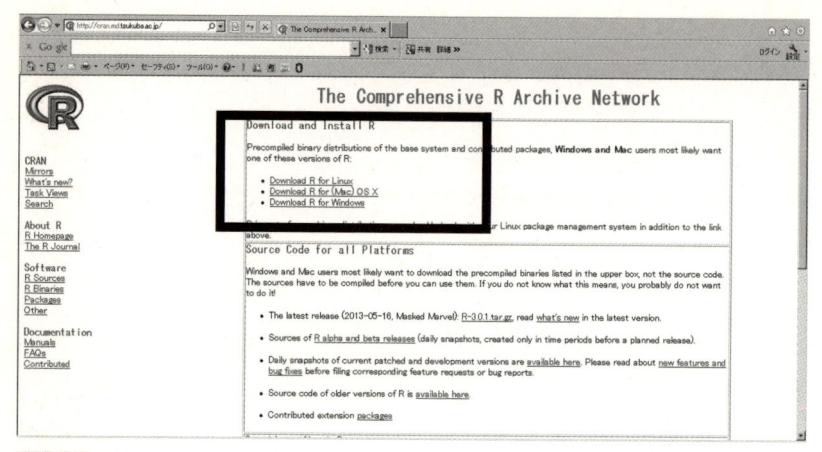

図 1-10 ダウンロードページへのリンク

れを参考にして作業を進めてください。図1-11はWindows版をクリックしたときのページです。このページではWindows用にされたインストールデータ、パッケージ、パッケージ構築ツールがダウンロード可能です。本書ではRの本体だけが必要なので、本体のインストールデータがおいてあるbaseをクリックしてください。

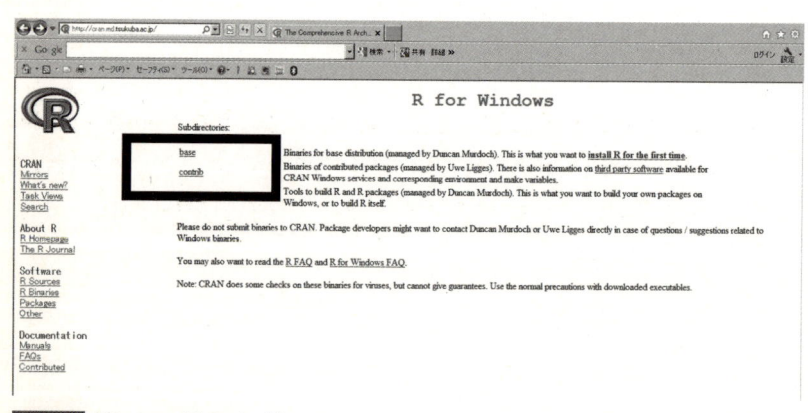

図 1-11 Windows用のページ

1-5 Rによるデータ分析の準備

base をクリックすると図 1-12 のようなページが出てきます。2013 年 7 月時点での最新版は R-3.0.1 なので、このページでは R-3.0.1 のインストールデータへのリンクが表示されています。四角の中にある"R-3.0.1 for windows"をクリックするとダウンロードが始まります。「実行」という選択をするとダウンロードが完了後、自動的にインストールが始まります。保存する場合は、各自のダウンロードフォルダやデスクトップのようなアクセスしやすいところを指定して保存し、ダウンロードファイルをファイルをダブルクリックしてください。

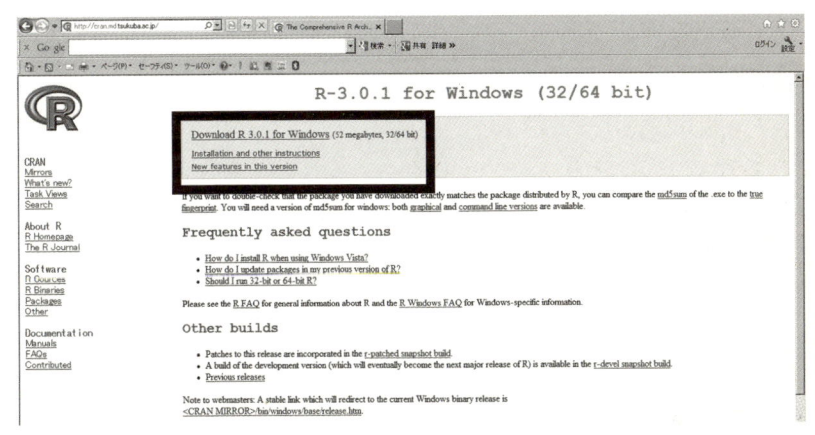

図 1-12 R-3.0.1 for windows のダウンロードページ

インストールプログラムが起動すると図 1-13 のような言語選択ダイアログが起動します。通常、日本語の OS の入ったパソコンであれば自動的に日本語が選択、反転していますので、そのまま OK ボタンを押して作業を進めてください。

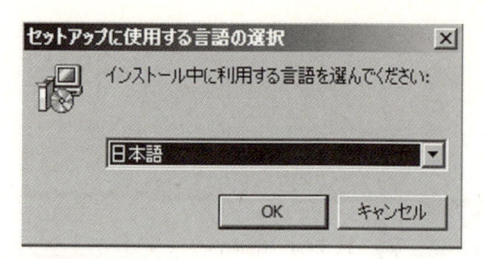

図 1-13 言語選択ダイアログ

　今度はセットアップウィザード（図 1-14）が立ち上がりますのでそのまま「次へ」ボタンを押してください。以後、ライセンス条項などいくつかの確認ダイアログが立ち上がりますが、すべて「次へ」ボタンをクリックしていただければインストールは無事に終了します。なお、ご自身でカスタマイズしたい方は、ダイアログの指示に従ってインストールしてください。

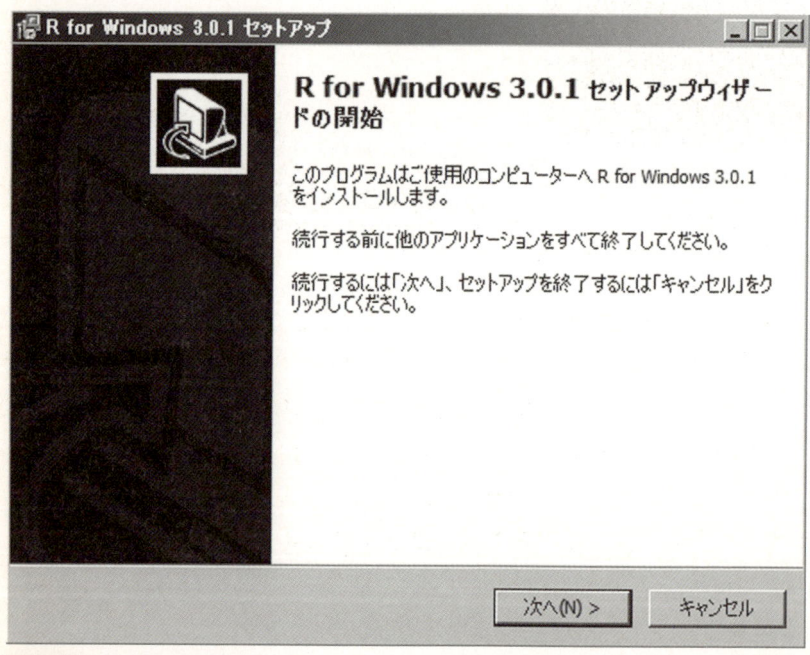

図 1-14 セットアップウィザード

1-5 Rによるデータ分析の準備

インストールが無事終わると最終的には図1-15のダイアログが出ますので「完了」ボタンを押してください。これでセットアップは完了です。

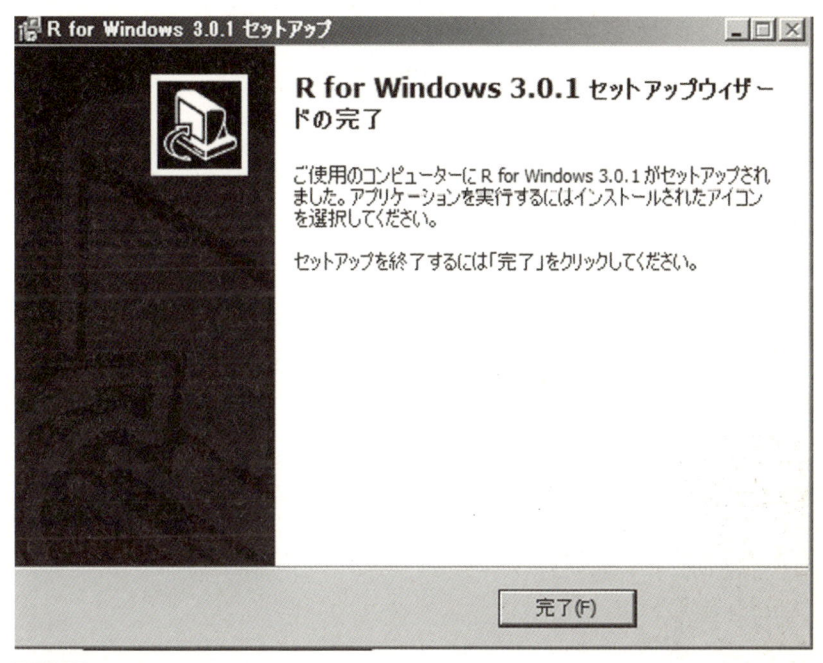

図1-15 終了ダイアログ

Rのインストール時に何のオプションも設定せずに「次へ」ボタンを押した場合、デスクトップ上に1つないし2つのRのアイコン（図1-16）が出来上がっています。お使いのPCが64ビット機の場合は"R x64 3.0.1"と"R i386 3.0.1"というチップセットの名前が付いた2つのショートカットアイコンが、32ビット機なら"R i386 3.0.1"の1つのショートカットアイコンがデスクトップにあるはずです。

図 1-16　Rのショートカットアイコン

　このデスクトップ上のアイコンをダブルクリックしするとRが起動します。なお、2つのアイコンが出来上がっているユーザーは（特別な理由がない限り）x64が付いているアイコンをクリックしてください。図 1-17 のRのインターフェイス RGui が起動するはずです。

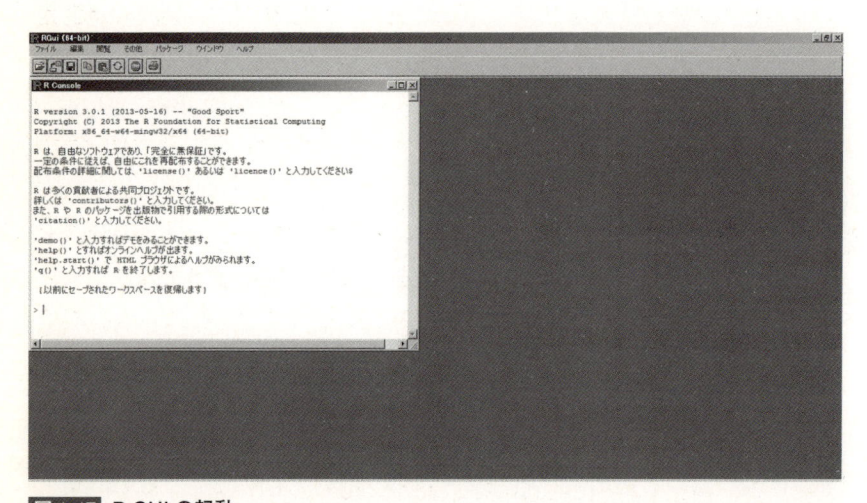

図 1-17　R GUI の起動

　Rの操作は RGui の内部ウィンドウである R Console に対話的にコマンド入力することで実行されます。R Console にはプロンプトとよばれる矢印 > が出ていますので、その右側に直接コマンドを入力します。たとえばソフトウェアを終了するためのコマンドは q() になりますので、R Console 上に次のように入力を行ってください。

```
> q()
```

　R終了時には、RGuiはデータを保存するか否かを必ず尋ねてきます。データを保存する必要がある際は必ず「はい」ボタンを押して終了してください。

・演習データのダウンロード

　本書で用いるデータは、技術評論社のサポートページ（http://gihyo.jp/book/2014/978-4-7741-6301-7）からダウンロード可能です。.RDataというバイナリ形式になっていますので、お使いのPCの適当なフォルダに保存してください。Rのインストールが無事終了していれば、このファイル自身をダブルクリックすることでR（正確にはRGui）が自動起動します。

　無事に起動したら、次のコマンドを入力してください。

```
> ls()
```

　関数 ls は作業スペースやパッケージの中にあるオブジェクトの一覧を取り出す関数です。引数に何も指定しないと現在の自分の作業スペースに保存されているデータや関数の一覧を表示します。今回の場合、ダウンロードした.RDataを直接ダブルクリックすることでRの作業スペースに.RData内のデータが展開されるのでdata.cum.core30、data.cum.core30.2といった名前の付いたオブジェクト名の一覧が表示されているはずです。2章以降ではこの中におさめられているデータや関数を実際に使って時系列データの分析を進めていきますので、サンプルデータを使って本書の内容に沿ったデータ分析を実行する場合は、必ずこの.RDataをダブルクリックしてRを起動してください。また関数 q() でRを終了した際は、必ずデータの保存を忘れないでください。

CHAPTER 1-6 本書を読む上での注意点

　本書ではRを使って時系列データの解析を進めていきます。ですから、基本的なRの使い方を理解していないと作業を進められませんし、作業内容自身を理解できないこともあります。そこで本書では、Rを扱ったことがないユーザーやRにまだあまり慣れていないユーザーのために、簡単なR言語の解説を付録に付けました。付録Bとしてまとめてありますので、必要に応じて参照するか、もしくは付録Bを一読してから2章以降に進んでください。ただし、付録Bの解説もプログラムを作ったりデータ分析をしたりしたことが全くないユーザーにとってはまだ少し敷居が高いかもしれません。付録Bで難しい内容や語句に出会ったときは、最初はあまり深入りせずにそんなものかと読み飛ばしください。もちろんRのヘルプや他書を調べてもかまいませんが、本書を読み進めながらサンプルコードを入力、実行していくうちに、すこしずつRに慣れてきますので、そのときに再度読み返してみればよいでしょう。

　本書に記載されているデータ解析例やプログラムの動作確認はWinows7にインストールしたwindows版のR-2.15.3およびR-3.0.1で行っています。原則としては他のOS用のRでも同じように動作するはずですが、万が一動作しない場合でも動作の保証は致しかねますので、あらかじめご了承ください。

　本書は過去にいくつも出版されてきた時系列理論の解説書ではないので、実務に有用な手法とその実例に限定して内容をまとめています。たとえば、**移動平均（MA）モデル**や**自己回帰移動平均（ARMA）モデル**などは一般的な時系列の教科書ではどの本にでも出てきていますが、実務の現場ではあまり使われていないことから、本書では思い切って割

愛しています。一方で、高度な内容だとしても、現場でのニーズが高いskew GARCHモデルなどは、本書で積極的に取り上げています。

　このように、本書は実務を意識した内容になっています。読者の皆様には、ぜひRを片手に、本書を読み進めていただければと思います。

第 2 章

時系列データの観察と要約

第 2 章 の ポ イ ン ト

- [ ] 時系列プロットを描き、時系列データを視覚的に確認する
- [ ] 標準偏差、相関係数を計算し、データの特徴を定量的に表現する
- [ ] 統計的仮説検定を用いて合理的に判断する
- [ ] データの並び順に意味を見出す〜時間依存について〜

CHAPTER 2-1 時系列データを観察する

　株式などの証券の価格変動のしやすさを表す言葉として**ボラティリティ**という言葉がよく使われます。たとえば、日々の価格変動が大きい証券を「この証券のボラティリティは大きい」と呼ぶことがあります。しかしながら、ボラティリティは単純に市場で観測できる値ではありません。なぜならば、証券の価格変動は市場の参加者によって形成されるものであり、市場参加者すべての動向を測る手段がこの世には存在しないからです。では、個々の市場参加者は証券のボラティリティをどのように判断しているのでしょうか。

　最も簡単な方法は、実際の証券価格データを図示し、価格が激しく変動しているか否かを視覚的に判断することです。もちろん1つの証券価格の図だけでは激しい変動か否かを判断できないので、他の証券価格の図も作り、それらを比較することで当該証券の**価格がボラタイル**[注1]か否かを判断することになります。

　このように、データ分析の手始めとしては、分析対象のデータを観察することが挙げられます。データ観察の目的は、データの特徴がよく表現される図を作成し、視覚的にデータの特性を読み取ることにあります。

　時系列データは、時間に伴って変化する観測対象の値を観測者が設定した時間間隔で記録したものです。その挙動を示す図として、**時系列プ**

注1
ボラタイルとは、ボラティリティが大きいという意味を表します。

ロットがあります。時系列プロットは、横軸に時間軸、縦軸にデータの値をとり、各記録を折れ線でつないだグラフです。

それでは、実際の株式の価格の時系列プロットを確認しましょう。なお、以降では株式の日次の終値を株価と呼びます。図 2-1 には 4 銘柄：日本板硝子（板硝子）、ヤマハ発動機（ヤマハ）、ポーラ・オルビスホールディングス（ポーラ HD）、武田薬品工業（武田薬品）について、2012 年 9 月末から 2013 年 3 月末までの約半年の間の株価の時系列プロットを描きました。この期間は政権が民主党から自民党に代わり、アベノミクス効果から株価が上昇してきた時期にあたります。

板硝子の株価は、60 円程度から 120 円程度まで上昇し、価格変動幅は 60 円程度です。ヤマハでは、700 円弱から 1300 円程度まで上昇し、価格変動幅は 600 円程度です。ポーラ HD では、2400 円程度から 3000 円程度まで上昇していき、価格変動幅は 600 円程度です。武田薬品では、

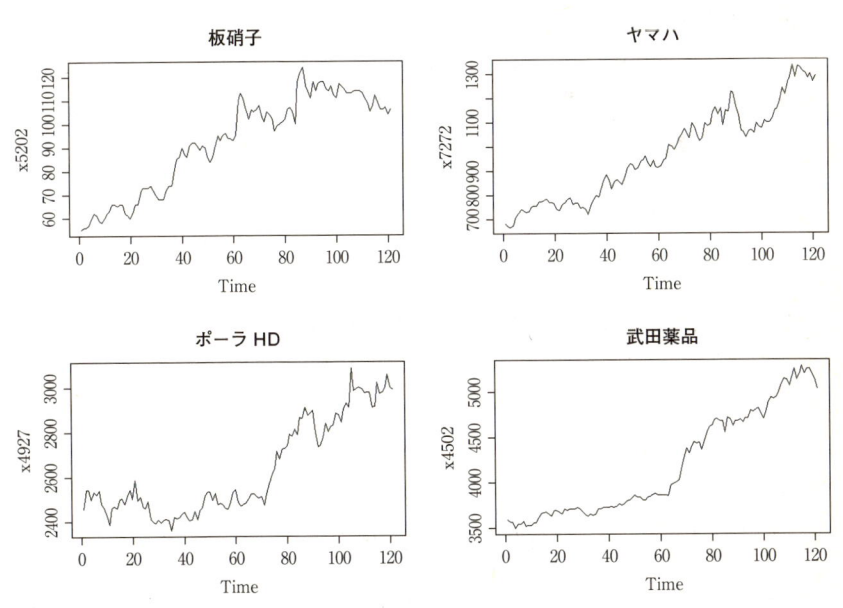

図 2-1 株価の時系列プロット

3500円から5200円程度までの上昇を示し、1700円程度の価格変動幅が記録されています。時系列プロットに示されているように、4銘柄ともに上昇傾向を有しています。なお、これらの図はRで描いています。1-5節33ページにあるように技術評論社のホームページから.RDataをダウンロードし、それをダブルクリックすることでRを起動、以下のコマンドを入力すれば描画可能です。

```
> attach(price4)
> par(mfcol=c(2,2))
> plot(x5202,type="l",main="板硝子")
> plot(x4927,type="l",main="ポーラHD")
> plot(x7272,type="l",main="ヤマハ")
> plot(x4502,type="l",main="武田薬品")
> detach(2)
```

4つの銘柄の株価データがprice4というデータフレームに格納されています。株価データは、板硝子、ポーラHD、ヤマハ、武田薬品の順で格納されており、それぞれの証券コードにもとづいた名称、x5202、x4927、x7272、x4502がつけられています。上記のコマンドでは、関数parで図の描画エリアを2×2に分割し、描画関数plotの引数にそれぞれの株価データを指定して4つの時系列・プロットを描いています。なお、データフレームやその操作関数attach、detachの使い方は付録B-11、描画関数plotの使い方については付録B-16に詳しい使い方が書いてありますので適宜参照してください。

価格変動の観察に戻りましょう。図2-1の時系列プロットで4銘柄の価格変動の大きさを比較してみましょう。価格変動幅の大きさに注目すると、武田薬品は約1700円、ヤマハ、ポーラHDは約600円、板硝子は約60円となっています。では、単純に武田薬品の変動が最も大きく、板硝子の変動が最も小さいと考えてよいでしょうか。さらには、ヤマハとポーラHDの変動が同程度だと考えてよいのでしょうか。

ここで、視点を変えて見てみましょう。次のような2つの銘柄があったとします。銘柄A「100円の株価が200円になった」銘柄B「1000

円の株価が 1100 円になった。」どちらも、価格変動幅は 100 円ですが、株価が 2 倍になった銘柄 A のほうが大きく変動したと考える方が自然です。このように、他の銘柄と価格変動の大きさを比較する場合には、価格変動幅を単純に比較するのではなく、銘柄ごとに異なる株価の水準を考慮した変動の割合として考える必要があります。それでは、株価の水準による基準化を考えてみましょう。

銘柄間で異なる株価の水準を合わせるために、それぞれの価値をデータの始点の株価で基準化しましょう。この操作により、投資開始時点の株価が 1 に揃い、日々の価格変動を投資開始時点の株価に対する割合として表現しなおしています。図 2-2 では、4 銘柄について株価データを始点の株価で割った値の時系列プロットを描きました。R への入力コマンドは以下の通りです。

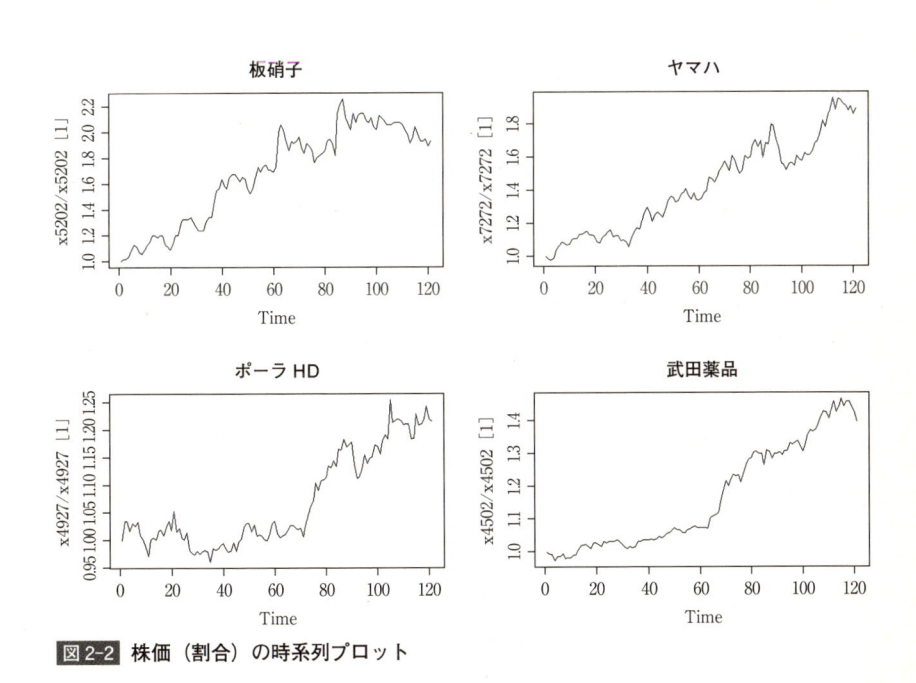

図 2-2 株価（割合）の時系列プロット

```
> attach(price4)
> par(mfcol=c(2,2))
> plot(x5202/x5202[1],type="l",main="板硝子")
> plot(x4927/x4927[1],type="l",main="ポーラHD")
> plot(x7272/x7272[1],type="l",main="ヤマハ")
> plot(x4502/x4502[1],type="l",main="武田薬品")
> detach(2)
```

　図2-2で示されているように、板硝子では、投資開始時点の株価に比べ2.2倍程度まで変動しており、ヤマハでは2倍弱、武田薬品では1.5倍程度、ポーラHDでは1.2倍程度変動しています。変動の割合という観点からはこの期間で最も株価が変動した銘柄は、板硝子であることがわかりました。

　しかしながら、投資開始時点の株価で基準化する方法では、分析期間を変更するたびに基準化し直す必要が生じます。また、分析期間の全体を通しての価格変動の大きさは読み取りやすくなりましたが、日々の価格変動のしやすさまでは読み取れるようにはなっていません。なぜならば、株価の時系列プロットと比較して、縦軸の目盛が変更されただけであり、グラフの形状はまったく変更されていないからです。

データ分析のポイント

利点：縦軸のスケールを調整したため、目盛の数値を読みとることで比較がしやすくなった。
問題点：プロットの形状は以前のままであり、日々の価格変動が読みとりやすくなったわけではない。

　それでは、分析期間を変更しても利用でき、日々の価格変動を観察しやすくするための基準化とは、どのようなものがよいのでしょうか。この要請に応えられる基準化としては、実務でも一般的に利用されている収益率が挙げられます。収益率とは、日々の価格変動幅を前日の価格で基準化したものです。したがって、分析期間を変更しても新たに基準化

を行う必要はなく、価格の変動幅が日々基準化されているため、日々の価格変動の大きさを観察しやすくなっています。なお、収益率の定義にはいくつかの種類がありますが、本書では対数差収益率を採用します。t時点の株価をP_tとしたときに、t時点の対数差収益率r_tは、

$$r_t = \log P_t - \log P_{t-1}$$

で定義します。なお、対数差収益率とその他の収益率については付録A1を参照してください。また、これ以降で単に収益率と表記した場合は、対数差収益率を指します。

　Rを用いて対数差収益率を計算するためには、対数をとるための関数logと、差分をとるための関数diffを利用します。また、パーセント表示をするために100をかけておきましょう。R上で、

```
> diff(log(【対象データ】))*100
```

と入力するだけで収益率を計算できます。それでは、先ほどの4銘柄について、対数差収益率の時系列プロットを確認してみましょう。入力コマンドは以下の通りです。

```
> attach(price4)
> par(mfcol=c(2,2))
> plot(diff(log(x5202))*100,type="l",main="板硝子",xlab="Time",ylab="x5202")
> plot(diff(log(x4927))*100,type="l",main="ポーラHD",xlab="Time",ylab="x4927")
> plot(diff(log(x7272))*100,type="l",main="ヤマハ",xlab="Time",ylab="x7272")
> plot(diff(log(x4502))*100,type="l",main="武田薬品",xlab="Time",ylab="x4502")
> detach(2)
```

　図2-3は、4銘柄の収益率の時系列プロットです。銘柄ごとに収益率がとる値の大きさに注目すれば、板硝子は上昇時に15％程度の大きな値をとり下落時には−5％程度の値をとっています。ヤマハは上下に±6％程度の大きい水準で推移しています。ポーラHDは上昇時に6％弱の大きな値を1回記録しているほかは、おおむね±4％の範囲に収まって

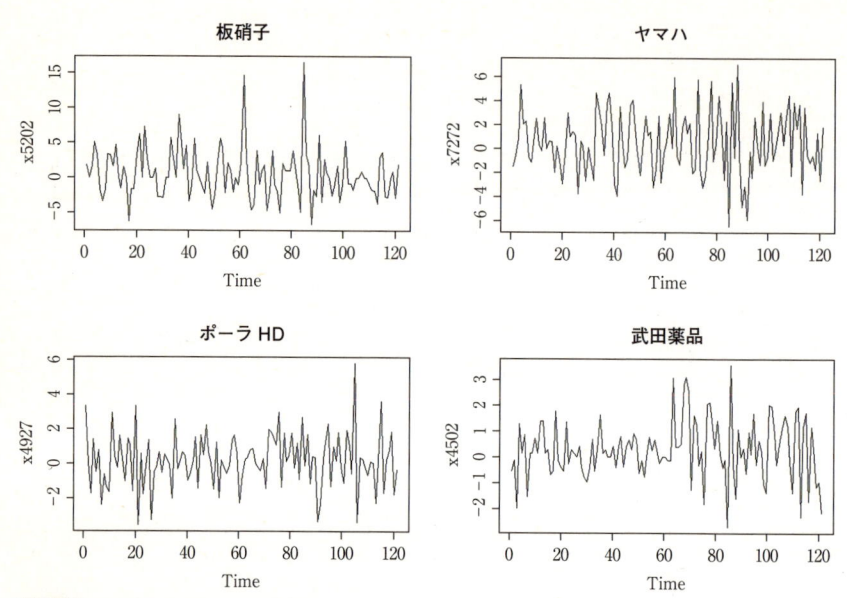

図 2-3 4 銘柄の収益率の時系列プロット

います。武田薬品では上下ともに±3%程度の小さな範囲に収まっております。図 2-3 に示された収益率の時系列プロットを確認することで、それぞれの銘柄の価格変動の大きさを観察することができました。しかし、銘柄間での比較をするために縦軸の目盛を確認する必要があるので、あらかじめすべての時系列プロットの縦軸のスケールを合わせてみましょう。縦軸のスケールは引数 ylim で調整することができます。ここでは関数 range を使ってもっとも広いデータ範囲を持つ板硝子の収益率の範囲を 4 つの plot に渡します。具体的な入力コマンドは以下の通りです。

```
> attach(price4)
> par(mfcol=c(2,2))
> plot(diff(log(x5202))*100,type="l",main="板硝子",xlab="Time",ylab="x5202",ylim=range(diff(log(price4$x5202))*100))
> plot(diff(log(x4927))*100,type="l",main="ポーラHD",xlab="Time",ylab="x4927",ylim=range(diff(log(price4$x5202))*100))
```

2-1 時系列データを観察する

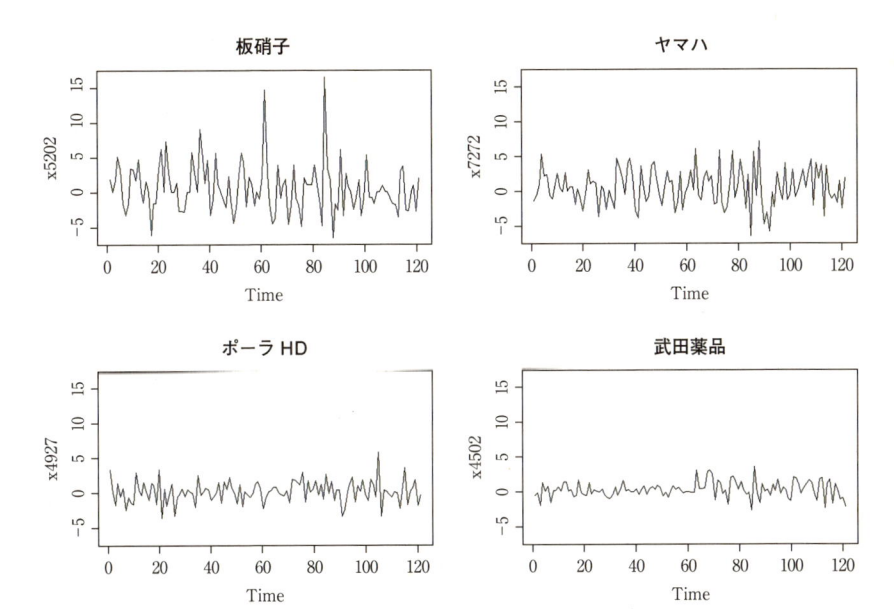

図 2-4 4銘柄の収益率の時系列プロット（縦軸調整）

```
> plot(diff(log(x7272))*100,type="l",main="ヤマハ",xlab="Time",ylab="x7272",ylim=range(diff(log(price4$x5202))*100))
> plot(diff(log(x4502))*100,type="l",main="武田薬品",xlab="Time",ylab="x4502",ylim=range(diff(log(price4$x5202))*100))
> detach(2)
```

　図2-4では、収益率の時系列プロットにおける縦軸のスケールを、4銘柄で共通に変更しました。図2-3と比べて、銘柄間での価格変動の大きさを比較しやすくなっています。図2-4を作成することにより、今回の期間では、日々の価格変動の大きさという点では、板硝子、ヤマハ、ポーラHD、武田薬品の順にボラタイル（ボラティリティが大きい）であることを直感的に確認できるようになりました。

> **データ分析のポイント**
>
> 変更点：縦軸のスケールを一致させたため、価格変動の大きさを直感的に比較できるようになった。

収益率の時系列プロットの縦軸のスケールを揃えることで、銘柄間の比較が容易になりました。ただし、分析対象銘柄を追加・変更するたびに、縦軸のスケールを変更しなければならず時系列プロットを描きなおす必要がある点に注意してください。

　ここまでのところ、時系列データの特徴を視覚的に確認するための方法として、時系列プロットの描き方を解説してきました。観察の目的にあわせて、データの加工（収益率に変換する）、描画の工夫（縦軸のスケールをそろえる）を通じて視覚的に判断しやすくすることがポイントとなります。

CHAPTER 2-2 時系列データの分布と要約

　前節では、4銘柄の株価変動の大きさを視覚的に確認しました。視覚的な判断では、確認結果に分析者の主観が入っている可能性があります。確認結果にさらに説得力を持たせるためには、客観的な判断が必要となる場合もあります。本節では、客観的にデータを確認するため、データを定量的に表す指標を紹介していきましょう。

　ここでは、分析対象データを「ある特定の分布から無作為に抽出された標本」であると考えます。このようにデータの背後にあると仮定した分布を母集団分布と呼びます。仮に母集団分布の特徴がわかれば、データの背後にある仕組みを理解できたと考えてもよいでしょう。しかし、母集団分布は未知であることが多いため、本節では、母集団分布の特徴を表す母集団分布の平均、標準偏差などの基本的な指標をデータから推測することを考えます。

　次に、データの標本数が分析に与える影響について述べておきましょう。直感的な説明としては、データが母集団分布から独立に抽出されているならば、標本数（データを抽出する数）を増やすことによってデータの分布は母集団分布に近づいていきます。つまり、標本数を増やしていくことにより、データの平均と標準偏差は、母集団分布の平均と標準偏差に近づくと考えられます[注2]。

　標本数を増やせばよい推測ができるように思えますが、それほど単純な話ではありません。なぜならば、同一条件のもとでの標本数を増やすことが難しいからです。確かに自然科学の実験などでは、同一条件のも

注2
データの数を増やしていくことによって、母集団分布をデータの分布で近似していく理論は漸近理論と呼ばれており、さまざまな統計学の教科書で紹介されています。

とでの実験を重ねることでデータ数を増やすことができます。しかしながら、株価や収益率などの金融データでは、同一条件のもとのデータの数を増やすことは困難です。なぜならばある時点の株価は1つしか存在しないため、繰り返し観測をすることは不可能だからです。また、標本数を増やすために観測期間を延ばした場合でも、市場環境の変化などの要因から同一条件のもとのデータであるとの前提を置きづらくなります。

> **データ分析のポイント**
>
> ● 金融時系列データの分析では、単純に標本数を増やしていくことはあまり考えず、同一条件のもとのデータであることを念頭におくことで分析期間が固定され、標本数も定まります。

それでは、4銘柄の収益率を調べてみましょう。Rでは平均を計算する関数 mean が用意されています。R上では、

```
> mean(【対象データ】)
```

と入力すれば、対象データの平均値が得られます。ダウンロードした .RData には4銘柄の収益率を収録した return4 というデータフレームがあるので、次のようにコマンドを入力すればそれぞれの銘柄の収益率の平均値を求めることができます。

```
> attach(return4)
> mean(x5202)
[1]0.5467549
> mean(x4927)
[1]0.1623146
> mean(x7272)
[1]0.5311399
> mean(x4502)
[1]0.2798967
> detach(2)
```

計算した結果を表2-1にまとめました。

銘柄名	板硝子	ヤマハ	ポーラHD	武田薬品
平均（％）	0.547	0.531	0.162	0.280

表2-1　4銘柄の収益率の平均

いずれの銘柄の平均値も正の値をとりますが、大きな値ではなく0に近い値と考えられます。

続いて、4銘柄の**ボラティリティ**を調べてみましょう。ボラティリティは価格変動の大きさを示す指標であり、その定義はいくつか存在しています。本書では、収益率データの標準偏差で定義します[注3]。具体的には、n 個の収益率データ $\{r_1, r_2, \cdots, r_n\}$ が得られている場合に、ボラティリティを

$$\sqrt{\frac{1}{N-1}\sum_{t=1}^{n}\left(r_t - \frac{1}{N}\sum_{t=1}^{n}r_t\right)^2}$$

で定義します。この定義は収益率のヒストリカルデータを用いているため、**ヒストリカルボラティリティ**と呼ばれることがあります。

ボラティリティを調べることは、銘柄ごとに異なった収益率の母集団分布のデータの散らばり具合（標準偏差）を調べることに対応しています。したがって、冒頭で置いた前提では収益率は特定の母集団分布から独立に抽出されると考えるため、ボラティリティによって今後の収益率が取りうる値の大きさが推測できると考えられます[注4]。そのため、ボラティリティは実務上で重要な指標となっています。

注3
この定義は標準偏差がデータのバラつきを表す指標であるため、収益率のバラつき具合が価格変動の大きさを示しているという発想に基づいています。

注4
このように推測するためには、収益率データが得られた期間の母集団分布の特性が、その後の期間でも変わらないと仮定することが必要となります。

表2-2では、実際にRでボラティリティを計算した結果を示しています。

銘柄名	板硝子	ヤマハ	ポーラHD	武田薬品
ボラティリティ（％）	3.566	2.639	1.547	1.134

表2-2　4銘柄のボラティリティ出力結果

標準偏差を計算する関数sdを使うことで表2-2のボラティリティを計算できます。具体的には次のように入力してください。

```
> attach(return4)
> sd(x5202)
[1]3.565816
> sd(x4927)
[1]2.638556
> sd(x7272)
[1]1.546933
> sd(x4502)
[1]1.133956
> detach(2)
```

板硝子のボラティリティは3.566％であり、最も小さい武田薬品の約3倍の大きさを持ち、価格変動が大きい銘柄であったことがわかります。ここで、ある銘柄の収益率データが「同一の正規分布から独立に抽出された標本」であるという前提をおけば、標準偏差の範囲の値は68.27％、標準偏差の2倍の範囲の値は95.45％の確率で起こります。いま、ヤマハの収益率の平均が0.531％ですので、ヤマハの収益率は68.27％の確率で−2.11〜3.17％の値をとり、95.45％の確率で−4.75〜5.81％の値をとると推測できます[注5]。

ここまでのところ、母集団分布の特徴を推測するために、収益率デー

注5
実務上ではボラティリティを年率換算したパーセント単位で表すこともあります。1年間を250営業日であるとすると、年率換算のためには標準偏差を$\sqrt{250}$倍します。この年率換算においても、「収益率が同一の正規分布から独立に抽出された標本」と「収益率は対数差収益率である」という前提を用いています。

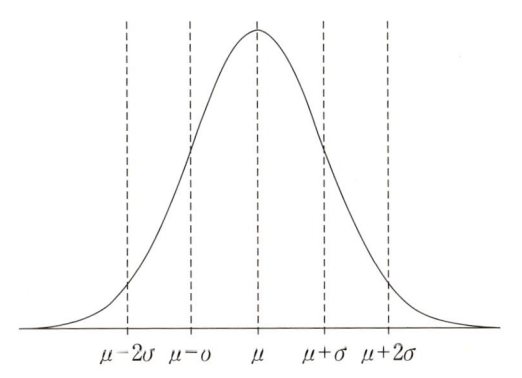

図 2-5 平均が μ である正規分布

タの平均と標準偏差（ボラティリティ）を調べました。データの分布を直接調べる方法としては、ヒストグラムを描くことも挙げられます。なお、Rであるデータのヒストグラムを描くには

```
> hist(【対象データ】)
```

と入力すれば、対象データのヒストグラムが描かれます。図2-6のような4銘柄の収益率データのヒストグラムを描くためには、次のように入力します。

```
> attach(return4)
> par(mfcol=c(2,2))
> hist(x5202,main="板硝子",breaks=-10:10*5/3)
> hist(x4927,main="ポーラHD",breaks=-10:10*5/3)
> hist(x7272,main="ヤマハ",breaks=-10:10*5/3)
> hist(x4502,main="武田薬品",breaks=-10:10*5/3)
> detach(2)
```

ヤマハ、ポーラHD、武田薬品では、0近辺で収益率の頻度はピークを迎え、正負ともに値が大きくなるにつれて頻度が少なくなっていきます。一方で板硝子では、収益率が正のときには値が大きくなってもなかなか頻度が小さくなりません。なお、分布の形状のうち、値が大きくなり頻度が小さくなっていく部分を裾とよび、板硝子のように値が大きく

板硝子
大きな値をとり続ける（裾が重い）

ヤマハ
x7272

ポーラ HD
x4927

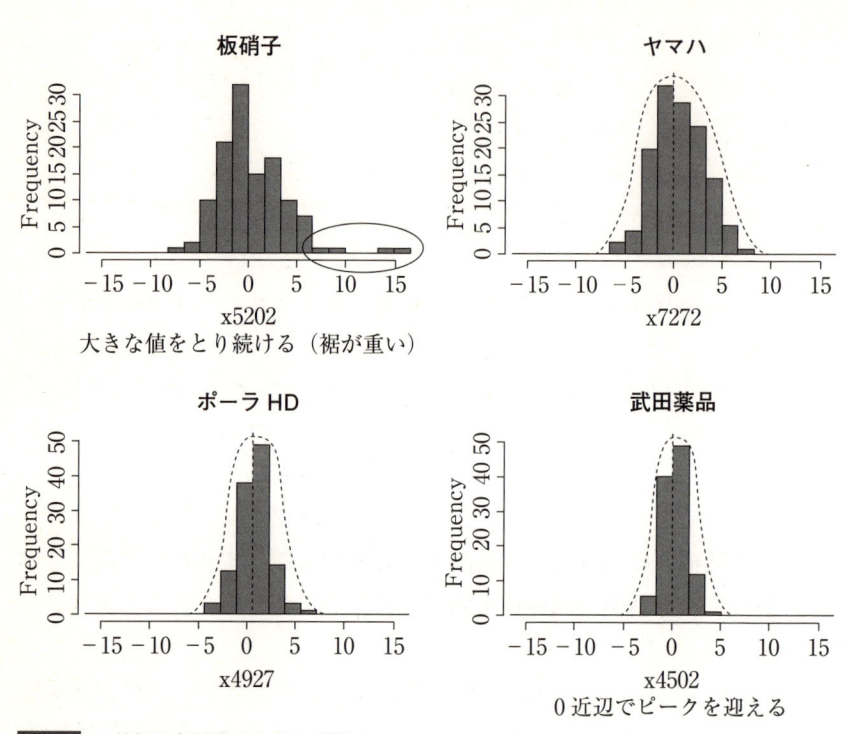

武田薬品
x4502
0 近辺でピークを迎える

図 2-6　4 銘柄の収益率のヒストグラム

なってもなかなか頻度が小さくなっていかない状況を「**分布の裾が重い（厚い）**」と呼びます。裾の形状は視覚による直感的な情報ですが、ボラティリティと同様に、母集団分布の特性を推測するために必要な情報です。

コラム〜統計的仮説検定〜

　これまでに述べてきた考察では、データが「同一の正規分布から独立に抽出された標本」であるという前提をおいています。しかしながら、「①収益率データが正規分布に従っている」「②収益率データが独立に抽出された標本である」の 2 つの前提が正しいか否かの

判断をしておりません。①については、ヒストグラムを見ることによっておおよその見通しは述べられるかもしれませんが、結局のところ視覚的な判断に留まり観察者の直観に大きく依存するため合理的な判断とは言えません。②については、本節の冒頭で設定した前提条件でもあり、ここまでのところでは、その真偽を判断する術を述べておりません。これらのような問題に対し合理的な判断の枠組みを与える方法として、**統計的仮説検定**があります。詳細は次節で説明します。

ここまでのところ、母集団分布の特徴を調べるために、平均と標準偏差を計算し、ヒストグラムを用いてデータ分布の形状を確認してきました。これらの手法は、1銘柄の収益率データの特性を分析するものであり、他の銘柄との関係性を直接調べるものではありません。そこで、本棚の最後に、銘柄間の関係性を調べる方法の1つを紹介しましょう。

2つのデータ間に存在する関係を**相関関係**と呼びます。ここで話題にする相関関係とは、異なる2つの銘柄の価格変動の連動性:「銘柄Xが上昇しているときに、銘柄Yも上昇しやすい」という関係を指しており、因果性:「銘柄Xが上昇したため(原因)、銘柄Yが上昇した(結果)」を述べているわけでないことに注意してください[注6]。

はじめに、相関関係を直感的に観察しましょう。図2-7は、ヤマハの収益率を横軸に、同時点の武田薬品の収益率を縦軸にとった散布図を示しています。図中の点線で囲んだ○は、Rでの作図の後に筆者が付け足したものです。Rへの入力コマンドは以下の通りです。

```
> attach(return4)
```

注6
因果性には、原因→結果という方向性がありますが、連動性には、方向性を仮定していません。つまり、本文中で述べていることは「銘柄Yが上昇しているときに、銘柄Xも上昇しやすい」という逆の関係についても同様であると考えられます。

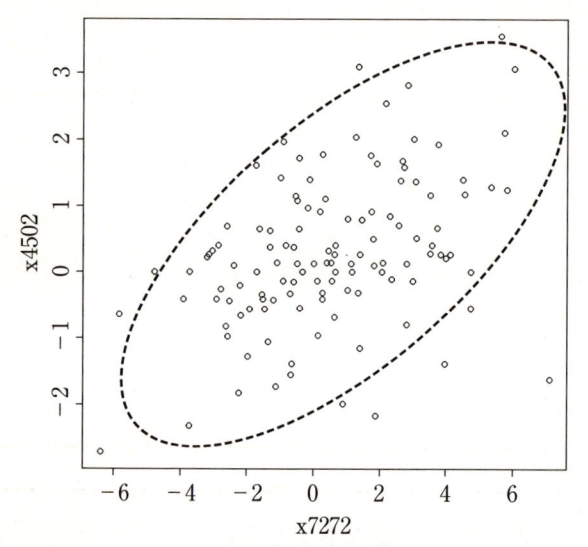

```
> plot(x=x7272,y=x4502)
> detach(2)
```

図 2-7 ヤマハと武田薬品の収益率の散布図

　図 2-7 では、ヤマハの収益率が正の場合には、武田薬品の収益率が正をとっており、負の場合には負の値をとる関係が示されています。図 2-7 で示されたように右肩上がりの関係を「**正の相関関係**」と呼びます。一方、横軸の銘柄の収益率が正のときに、縦軸の銘柄の収益率が負の値をとるような右肩下がりの関係は「**負の相関関係**」と呼び、横軸と縦軸それぞれの銘柄の収益率の動きに傾向がない場合を「**相関関係がない**」または「**無相関関係**」と呼びます。

　散布図の読み取りによる直感的な理解だけではなく、データを用いた定量的な相関関係を示すため、相関係数を計算しましょう。時点 $t=1$ から n までの銘柄 X の収益率データ $\{x_1, x_2, \cdots, x_n\}$ と、同時期の銘柄 Y の収益率データ $\{y_1, y_2, \cdots, y_n\}$ が得られているとき、銘柄 X と Y の相関係数 $\mathrm{cor}(X, Y)$ を、

$$\mathrm{cor}(x, y) = \frac{\sum_{t=1}^{n}(x_t - \bar{x})(y_t - \bar{y})}{\sqrt{\sum_{t=1}^{n}(x_t - \bar{x})^2}\sqrt{\sum_{t=1}^{n}(y_t - \bar{y})^2}}$$

で定義します。ただし、$\bar{x}$と$\bar{y}$はそれぞれの（標本）平均であり、$\bar{x} = \frac{1}{n}\sum_{t=1}^{n}x_t$, $\bar{y} = \frac{1}{n}\sum_{t=1}^{n}y_t$です。Rを用いて相関係数を計算するには、次の関数 cor の引数にそれぞれの対象データを与えるだけでよく、

```
> cor(【対象データ1】,【対象データ2】)
```

と入力すれば、2つのデータの相関係数を計算することができます。なお、ヤマハと武田薬品の収益率の相関係数は、

```
> cor(return4$x7272, return4$x4502)
```

と入力することで 0.416 と計算できました。

　分析対象のデータが2つよりも多い場合には、一組ごとに散布図を描き、相関係数を計算することは煩わしくなります。Rでは、複数の銘柄の中から2銘柄を組み合わせた複数の散布図を一度に描画することができます。複数の銘柄の収益率データをあらかじめデータフレーム化[注7]しておけば、

```
> plot(【対象データフレーム】)
```

と入力するだけで、複数の銘柄を組み合わせた散布図を作成することができます。ここでは、4銘柄の収益率データがまとめられているデータフレーム return4 を使い

注7
データフレームについては、付録B R言語の基礎 を参照してください。

```
> plot(return4)
```

と入力することで、図2-8のような4銘柄を組み合わせた散布図を作成できます。

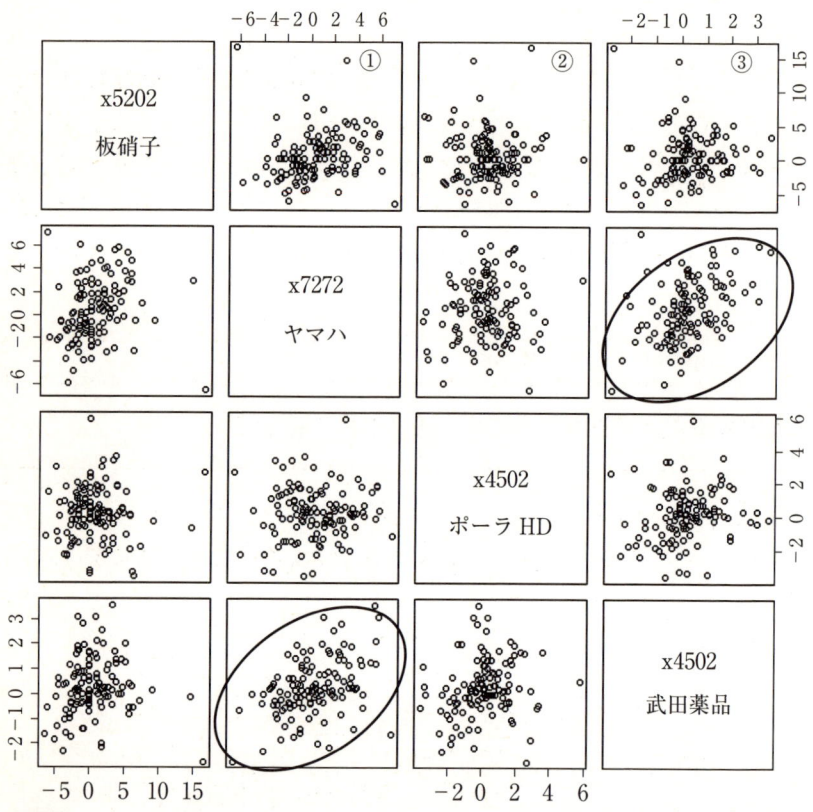

図2-8 4銘柄の収益率を組み合わせた散布図行列

　図2-8のように複数の散布図が描かれた図を**散布図行列**と呼びます。i行j列の散布図は、縦軸にi行目の銘柄、横軸にj列目の銘柄の収益率を描いたものです。具体的には、図中の①では、縦軸に板硝子、横軸にヤマハ、②では縦軸に板硝子、横軸にポーラHD、③では縦軸に板硝子、

横軸に武田薬品の収益率をプロットしています。なお、ヤマハと武田薬品の散布図中の○は、Rでの作図後に筆者が書き加えたものです。散布図行列が示すところでは、相関関係が存在する組み合わせはヤマハと武田薬品だけであり、その他の組み合わせでは正、負ともに相関関係が観測できず、無相関関係であると考えられます。

銘柄間の相関関係について、散布図を用いた視覚的な確認だけでなく、各銘柄間の相関係数を計算し定量的な確認を行いましょう。Rを用いれば、簡単に複数銘柄の相関係数をまとめて計算することができます。2銘柄の相関係数を計算したときに用いたコマンドcorの引数に、複数の銘柄の収益率データをデータフレーム化したものを与えればよく、

```
> cor(【対象データフレーム】)
```

と入力するだけで計算できます。表2-3は、R上で

```
> cor(return4)
```

と入力して計算した4銘柄における任意の2銘柄の相関係数の結果になります。

	板硝子	ヤマハ	ポーラHD	武田薬品
板硝子	1.000	0.180	0.005	0.060
ヤマハ	0.180	1.000	0.073	0.415
ポーラHD	0.005	0.073	1.000	0.176
武田薬品	0.060	0.415	0.176	1.000

表2-3 4銘柄の相関係数行列

表2-3のように、それぞれの行と列に対応する銘柄間の相関係数を要素とする行列を**相関係数行列**と呼びます。対角成分は、同じ銘柄の相関係数であるために1となっていることに注意してください。ヤマハと武

田薬品の相関係数は 0.415 と大きい値をとりますが、その他の組み合わせでは相関係数が小さく、相関関係がほとんどないことがわかりました。

　ここまでに説明したように、一般的なデータ分析ではデータが「ある同一の分布から独立に抽出された標本」であることを前提におきます。この前提のもとで、データの背後にある母集団分布の特徴を探るため、データの平均、標準偏差などの基本統計量を計算します。また、データの分布を調べるためにヒストグラムを描いたり、他のデータとの相関関係を調べる際にも、同様の前提をおきます。

CHAPTER 2-3 統計的仮説検定について

　前節で説明したデータ分析の手法では、分析対象のデータが「ある同一の分布から独立に抽出された標本である」との前提をおいていました。また、ボラティリティの計算では、収益率のデータが従う分布を正規分布であるという前提を追加しました。これらの前提をおいた後に、いくつかの分析を行ってきましたが、得られた結果の妥当性はデータがあらかじめ設定した前提条件を満たしているか否かに大きく依存します。

　これまでに挙げた前提条件を具体的に書き下すと、次の2条件：

> **データ分析のポイント**
> 1. データが正規分布に従う
> 2. データが独立な標本である

になります。本来であればデータ分析を始めるにあたり、対象のデータがそれぞれの前提を満たしているかを確認する必要があります。本節では、このような確認をするにあたって分析者の主観による判断ではなく、客観的な判断を下す手法である**統計的仮説検定**について説明していきます。

　統計的仮説検定とは、同時に起こることのない（互いに背反な）2つの仮説（帰無仮説と対立仮説）をたて、データにもとづいてどちらの仮説を受け入れる（受容）かを判断する方法です。換言すれば、帰無仮説を受容するか棄却するか[注8]の二者択一の判断を行う方法です。したが

って、その判断には次の2種類の誤りが起こり得ます。

> **2種類の誤り**
> ・タイプ1の誤り：帰無仮説が正しいにもかかわらず、帰無仮説を棄却する誤り。
> ・タイプ2の誤り：帰無仮説が正しくないにもかかわらず、帰無仮説を受容してしまう誤り。

一般的に、一方の誤りの確率を小さくすれば他方の誤りの確率が大きくなり、両者を同時に小さくすることは不可能であることがわかっています。

統計的仮説検定では伝統的に、タイプ1の誤りをまず重視して、タイプ1の誤りの確率をある水準以下に押さえた上で、タイプ2の誤りの確率をできるだけ小さくしようとします。このタイプ1の誤りの確率に対する水準を**有意水準**と呼びます。有意水準を小さく設定すれば、タイプ2の誤りの確率は大きくなりがちとなります。つまり、帰無仮説が正しくなくても、それを受容してしまう可能性が大きくなることを意味しています。そのため、有意水準を小さく設定した場合には、帰無仮説を受容したとしても「積極的に帰無仮説が正しい」としたわけでなく、「帰無仮説を暫定的に受け入れた」というように解釈する場合もあります。

さて、Rなどの統計ソフトウェアに備わっている統計的仮説検定の関数やコマンドの多くは、帰無仮説の受容、棄却の判断をしない代わりにタイプ1の誤りの確率であるp値を出力します。そのため、帰無仮説を棄却するか否かの判断はユーザにゆだねられるのですが、「有意水準cで統計的仮説検定を行う」には、p値と有意水準cの大小を比較すればよく、p値が有意水準より小さければ「帰無仮説を棄却し、対立仮説

注8
帰無仮説を棄却すれば、対立仮説を受容することになるため。

2-3 統計的仮説検定について

を受容」すればよいことになります[注9]。

それでは、データが正規分布に従っているか否かについての検定（正規性の検定）を行ってみましょう。ここでは、Shapiro-Wilkの検定を用います。この検定の帰無仮説は「対象データが正規分布に従う」です。R上でShapiro-Wilkの検定を実行するには、

```
shapiro.test(【対象データ】)
```

と入力します。では、ポーラHDの収益率を使ってShaprio-Wilk検定を実行しましょう。

```
> shapiro.test(return4$x4927)

        Shapiro-Wilk normality test

data:  return4$x4927
W=0.9832、p-value=0.1419
```

Rの出力ではp値を、p-valueとして表示します。なお、Rではパーセント（％）表示をしていないため、出力例のp-value＝0.1419とは、p値が14.19％を示しています。検定の結果は、あらかじめ設定した有意水準と出力結果のp値を比べて、帰無仮説の棄却ないしは受容を判断することで得られます。

それでは、4銘柄の収益率に対し、Shapiro-Wilk検定をかけましょう。表2-4に、それぞれのp値をまとめました。

有意水準を10％とすると、板硝子では帰無仮説「対象データが正規

注9
この判断は、p値がタイプ1の誤りの確率であることに注意すれば、「帰無仮説が正しいにも関わらず棄却してしまうような誤り」が起こる確率が、あらかじめ定めた水準（有意水準）を下回るぐらいに小さいので棄却しても問題ない、という考えに基づきます。

	板硝子	ヤマハ	ポーラ HD	武田薬品
p 値	0.001 未満	0.948	0.142	0.189

表 2-4　4 銘柄の収益率に Shapiro-Wilk 検定をかけたときの p 値

分布に従う」が棄却されるため、収益率が正規分布に従っているとは判断できません。一方で、ほかの 3 銘柄では帰無仮説が受容されるため、収益率が正規分布に従っていると判断してもよいでしょう。

次にデータが独立な標本であるか否かについて考えてみましょう。

ここでは、次のように問題を簡略化します。データは収益率ですので、「ある銘柄の収益率の騰落」に焦点を当てましょう。すなわち、収益率が平均を下回った場合には "−"、上回った場合には "+" という 2 値をとるデータとして考え直します。たとえば、ヤマハの始めの 20 日間の収益率データは、

```
−1.477   −0.597   0.894   5.344   2.088   2.315   −0.675
−1.090   0.546   2.556   0.398   −0.132   2.615   0.000   0.643
0.639   −1.929   0.259   −0.911   −2.918
```

であり、平均値は 0.531％ですので、

```
−, −, +, +, +, +, −, −, +, +, −, −, +, −, +, +,
−, −, −, −,
```

と書き換えることができます。

ここで、収益率データが正規分布のように対称な分布から独立に抽出された標本ならば、"+" と "−" の並び方について、どちらか一方に偏るような規則性は見られないはずです。このように、2 値のデータの並びについて規則性の有無を確かめる検定として**連の検定**（runs test）があります。この検定の帰無仮説は「+ と − の並び方に規則性はない」

2-3 統計的仮説検定について

になります注10。連の検定は R の標準パッケージには含まれておらず、時系列分析を目的としたパッケージ：tseries を読み込む必要があります。もしこれまでに tseries を使ったことがない場合は、R のメニューからパッケージを選択し、パッケージのインストールを実行します。R がダウンロードサイトとインストールするライブラリ名を聞いてきますので、指示に従ってください。ダウンロードが無事に終了したら、関数 library を使ってライブラリを読み込みます。ライブラリ tseries を読み込むには次のように入力します。

```
> library(tseries)
```

ライブラリ tseries を読み込んだ後に関数 runs.test が利用できます。その使い方は

```
> runs.test(【対象データ】)
```

と入力するだけです。ただし対象データは先ほども述べたように 2 値データにする必要があるので、

```
> 【対象データ】 = as.factor(【収益率データ】<mean[収益率データ])
```

のように、予め変換しておく必要があります。右辺の説明をすると、下線部は【収益率データ】が平均より小さいか否かを判定しており、平均より小さければ TRUE、そうでなければ FALSE の 2 値のデータになります。この 2 値データに対して関数 as.factor を適用することにより、関数 runs.test が扱える形式に変換しています。

ヤマハの収益率データを例に、平均を下回ったか否かについて連の検

注10
2 種類の記号のデータを考えるとき、同じ記号の連続を「**連**」と呼びます。また、同じ記号が連続している長さを「**連の長さ**」と呼びます。ヤマハの収益率の例では、"+" の連の数は 4、"−" の連の数は 5 であり、連の総数が 9 になります。検定の帰無仮説は「連の数が m 個の "+" と n 個の "−" の並び方に規則性はない」になります。

定を行う場合には、次のように入力します。

```
> tmp=as.factor(return4$x7272<mean(return4$x7272))
> runs.test(tmp)
```

```
          Runs Test
data:  tmp
Standard Normal=-0.1713、p-value=0.864
alternative hypothesis: two.sided
```

先程と同様に、p 値は p-value に示されています。同様に 4 銘柄の収益率の正負の現れ方について連の検定をかけたときの p 値を表 2-5 にまとめました。

	板硝子	ヤマハ	ポーラ HD	武田薬品
p 値	0.171	0.864	0.099	0.903

表 2-5　4 銘柄の収益率の正負に対し連の検定をかけたときの p 値

　有意水準を 10% とすると、板硝子、ヤマハ、武田薬品の 3 銘柄では帰無仮説「＋−の並び方に規則性はない」が受容されるため並び方に規則性がないと判断できます。一方で、ポーラ HD の p 値は 9.9% であり、微妙なところではありますが、帰無仮説が棄却されるため、ポーラ HD の収益率の＋−の並びには何らかの規則性（偏り）があると判断できます。

　ここで述べた連の検定では、収益率が平均を下回るか否かという 2 値のみをとるデータに簡素化し、それぞれの並び方の規則性があるかないかについて調べています。規則性が認められた場合には、＋−の出現に偏りがあるため、独立に抽出された標本との前提が正しいとは言い切れません。

　時系列データ分析の目的の 1 つとしては、時系列データの中に時間に

依存した構造が隠れていないか調べることが挙げられます。その意味では＋－の出現の偏りも時間に依存した構造と考えられます。この点については、次の節で詳しく確認していきましょう。

CHAPTER 2-4 時間依存の発見

　実際の株価を観察すると、ある期間で上昇または下落し続ける傾向がしばしば観測されます。株価が上昇傾向を示すということは収益率が正の値をとり続けることに等しく、同様に株価が下落傾向を示しているということは収益率が負の値をとり続けていることに等しくなります。言い換えれば、株価の上昇・下落に特定の傾向が認められる状況とは

「**収益率が同じような値を続けてとるような状況**」（※）

と考えられます。仮に同じような値の収益率が続いているならば、収益率のデータが、「独立に抽出された標本」と考えるよりもむしろ、「**ある傾向に従って、抽出された標本**」であると考えるほうが自然です。したがって、実際に収益率データを観察し、（※）のような状況が観測された場合には、「独立に抽出された標本」という前提を疑うことも必要になってきます。

　本節では、2つの銘柄XとYの株価と収益率に対し、これまでに確認した分析手法をあてはめながら、前提条件について考えていきましょう。

　はじめに、時系列プロットを描き、株価と収益率の挙動を確認しましょう。図2-9では、上段左に銘柄Xの株価、同右に銘柄Yの株価、下段左に同期間の銘柄Xの収益率、同右に銘柄Yの収益率の時系列プロットを示しています。Rへの入力方法は以下の通りです。

2-4 時間依存の発見

```
> par(mfcol=c(2,2))
> plot(X.price,type="l")
> plot(X.return,type="l")
> plot(Y.price,type="l")
> plot(Y.return,type="l")
```

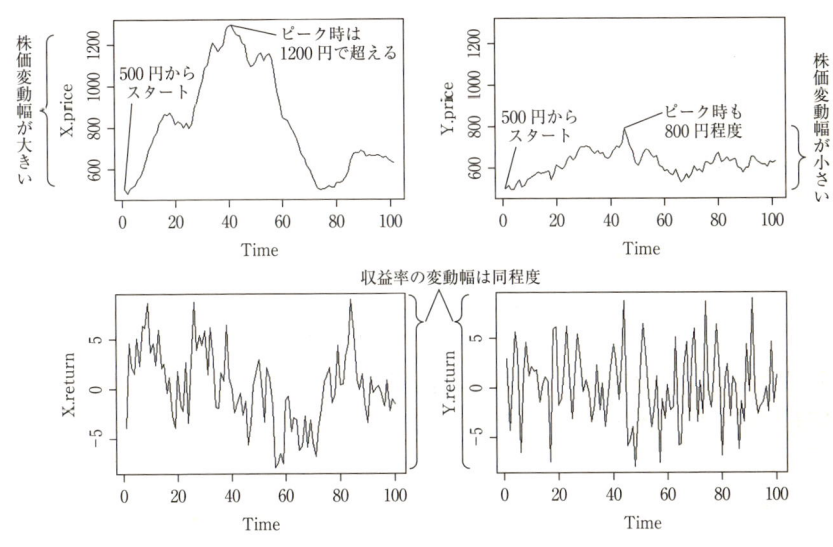

図2-9 銘柄XとYの株価の時系列プロット

　銘柄Xの株価は、500円程から上昇し、40辺りで1,200円を超すほどの高値をつけたのちに下落し、最終的には600円程度で落ち着く動きをしています。一方で、銘柄Yでは、おおよそ500円から始まった後には、それほど大きな値動きは観測されず、600円近辺で株価が推移していきます。収益率に注目すると、銘柄XとYともに、±6%程度で推移していくことがわかります。2つの時系列プロットを見比べることにより、銘柄XとYの収益率の挙動が異なることは確認できますが、個々の収益率に何らかの傾向があると言えるでしょうか。

収益率の挙動を深く読み解くために、株価の動きと関連付けて時系列プロットを確認しましょう。図2-10には、銘柄Xについて上段に株価、下段に収益率の時系列プロットを描きました。加えて、株価の上昇局面を①、下落局面を②として、対応する期間を点線で囲んでいます。また、収益率の正負を読み取りやすくするため、収益率の時系列プロットに0の水準線（点線）を加えました。Rへの入力は次のようになります。

```
> par(mfcol=c(2,1))
> plot(X.price,type="l")
> plot(X.return,type="l")
> abline(h=0,lty=3)
```

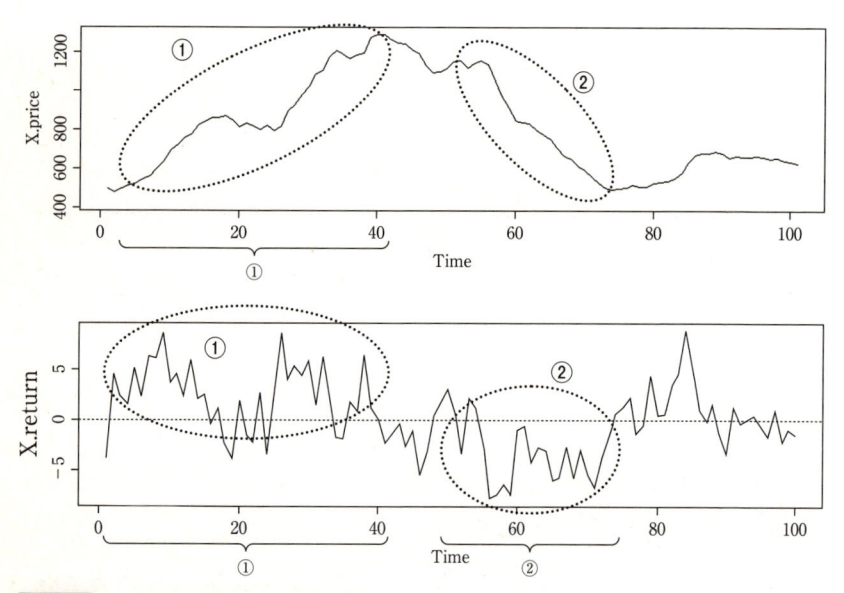

図2-10　銘柄Xの株価と収益率の比較

　株価が上昇傾向を示す期間①では、収益率は正の値が続きやすくなっています。同様に、下落傾向を示す期間②では、収益率が負の値が集中しています。銘柄Xの収益率は、正の値が続きやすい期間と負の値が続きやすい期間を有していることがわかりました。

2-4 時間依存の発見

　同様に、銘柄 Y についても調べてみましょう。図 2-11 には、銘柄 Y について上段に株価、下段に収益率の時系列プロットを描きました。また、収益率の時系列プロットには 0 の水準線（点線）を引いています。R への入力は、先ほどと同様となります。

```
> par(mfcol=c(2,1))
> plot(Y.price,type="l")
> plot(Y.return,type="l")
> abline(h=0,lty=3)
```

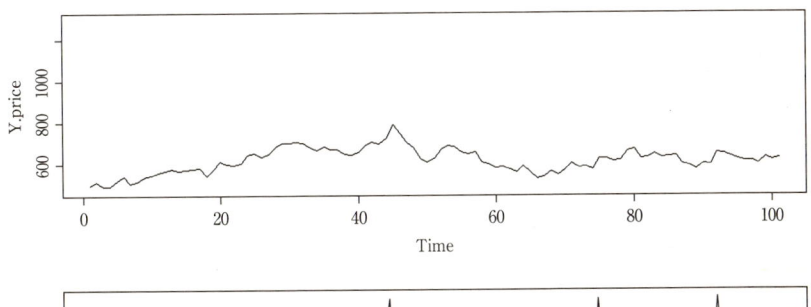

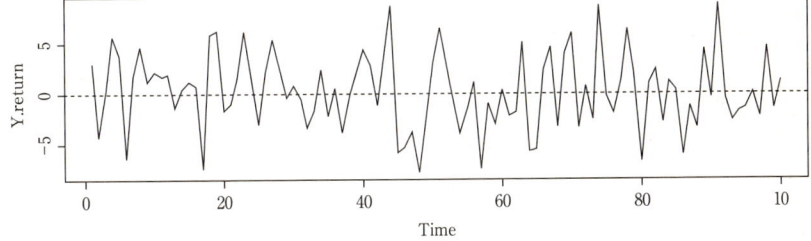

正負のいずれにも偏りがなく何ら傾向が見られない

図 2-11 銘柄 Y の株価と収益率の比較

　銘柄 Y の株価には、上昇または下落の傾向が観測されません。収益率に注目しても、正・負のいずれかに偏った値を取り続けることがなく、銘柄 X に観測されたような特徴は見られません。また、株価が上がった翌日には下がるといった前日の値と反対の値がでる（収益率が正負の値を交互にとる）という特徴もなく、正負の値が適度にばらついていると考えられます。つまり、銘柄 Y の収益率には、「同じ値が続く」また

は「反対の値が出現する」などの際立った特徴が観測されません。

それぞれの銘柄の株価と収益率の時系列プロットを観察することで、

> ● 銘柄 X は、株価が大きく変動し、上昇・下落傾向を示す期間が存在した。それぞれの期間では、収益率が正・負の値が続きやすくなる傾向が確認できた。
> ● 銘柄 Y は、株価はそれほど大きく変動せずに、緩やかに上昇していた。収益率には特に際立った傾向は観測されなかった。

という結論が得られました。

時系列プロットによる観察を終えたので、株価の挙動を定量的に確認すべく、収益率データの分布を調べていきましょう。はじめに、それぞれの銘柄と収益率の平均値と標準偏差計算しましょう。表2-6には、銘柄 X と Y の収益率の平均と標準偏差をまとめました。

	銘柄 X	銘柄 Y
平均	0.228	0.228
標準偏差	3.785	3.785

表2-6 収益率の平均と標準偏差

銘柄 X と Y では、平均と標準偏差が等しい値を持っています。引き続いて、銘柄 X と Y の収益率のヒストグラムも確認しましょう。図2-12には、左側に銘柄 X、右側に銘柄 Y の収益率のヒストグラムを描きました。両者のヒストグラムはまったく同じ形状をしています。

時系列プロットの観察からは、銘柄 X と Y では、異なる性質をもつと読み取れました。特に、価格変動に関しては銘柄 X のほうが大きいと考えられましたが、収益率の平均、標準偏差、ヒストグラムの形状は銘柄間で差がありません。

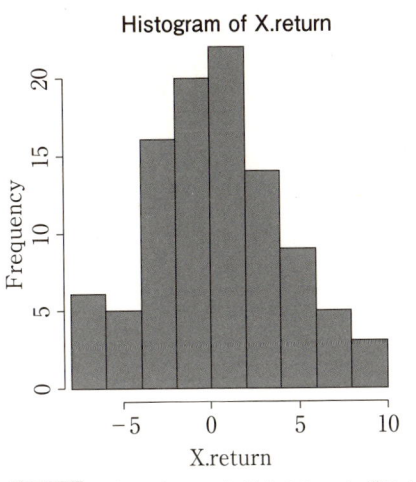

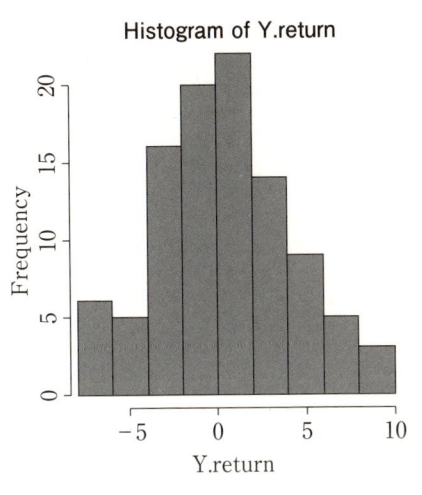

図2-12 銘柄XとYの収益率のヒストグラム

　ここで注意すべき点は、データの平均、標準偏差を調べ、ヒストグラムで分布を確認するといった分析手法は、「データが同一の分布からの独立に抽出された標本」であることを前提条件としていることです。特に「独立に抽出された標本」と考えた場合には、標本の抽出順序は考慮しません。換言すれば、データの出現順序、時間に依存した構造を考慮していないことになります。一方で、時系列プロットは時間とともに変化するデータを読み解くための図ですので、株価・収益率の時間変化が表現されています。つまり、銘柄XとYの間の明確な差は時間に依存したものであったと推測できます。

　時系列プロットから読み取った時系列データが時間に依存する構造は、平均や標準偏差、ヒストグラムでは確認できませんでした。このような時間に依存する構造を分析するための手法については、次章で学んでいきましょう。

第3章

時系列データの時間依存と自己回帰モデル

第3章のポイント

- [ ] 時間依存の関係を確認するための図と検定法
- [ ] 時間依存の関係を分析するための前提条件は？〜定常性の考え方〜
- [ ] 時間依存の関係をモデル化する〜自己回帰モデルの導入〜
- [ ] 定常でない時系列データの例〜単位根を持つ時系列データ〜

CHAPTER 3-1 時間依存の表現

　収益率などの時系列データでは、観測した値と観測時点が記録されており、時系列データの分析では、各観測時点間の関係、つまり、データの並び順・前後関係に意味を見出すことが目的の1つといえます。このような時系列データの各時点間での依存関係を、本書では時間依存と呼びます。

　本節では、時間依存の関係を定量的に示す方法を考えていきましょう。2-4節において、銘柄Xの収益率で観測された傾向とは、「過去の値と同じような値が出やすい」でした。この傾向を確かめるために、t時点の収益率をr_tとしたときに、縦軸にr_t、横軸にr_{t-1}とした散布図（縦軸に比べて横軸の収益率を1時点前に設定する）を描きましょう。Rでの入力方法は次の通りになります。

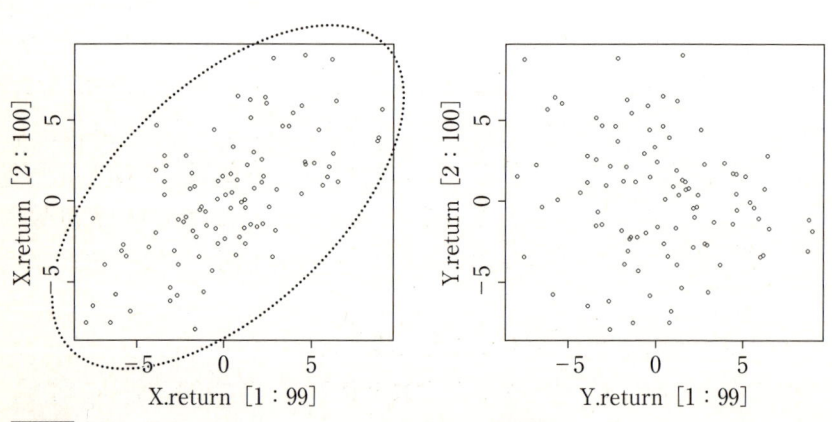

図3-1 銘柄XとYの収益率について1時点ずらした散布図

```
> par(mfcol=c(1,2))
> plot(x=X.return[1:99],y=X.return[2:100])
> plot(x=Y.return[1:99],y=Y.return[2:100])
```

　図3-1は、横軸の収益率を縦軸のものに比べて1時点遡らせた散布図であり、左側に銘柄Xの収益率、右側に銘柄Yの収益率を描いています。銘柄Xの散布図では、図中に点線の○を書き入れたように、正の相関関係が示されています。一方の銘柄Yでは相関関係を観測できません。散布図を描いたときと同様に、現時点と1時点前の収益率の相関係数を計算した結果を表3-1に記しました。

	銘柄X	銘柄Y
相関係数	0.635	0.023

表3-1　1時点ずらした収益率の相関係数

　銘柄Xの相関係数は0.635であり、収益率は1時点前の値と正の相関関係を有していると考えられます。一方で、銘柄Yの相関係数は0.023と小さく、相関関係がないと考えられます。

　この相関係数の計算について、違和感を覚える方もいるかもしれません。そもそも相関係数を計算する目的は「異なる2つの変量」の相関関係を定量的に測るためであるという考えに基づけば、「同じ変量」の相関関係を調べることを疑問に思うかもしれないからです。このように、異なる2つの変量ではなく、時間差を考慮した自分自身との相関関係を**「自己相関関係」**と呼び、計算した相関係数を**「自己相関係数」**と呼びます。なお、ずらす時点の度合いを**ラグ**と呼び、今回のように1時点ずらして計測した自己相関係数をラグ1の自己相関係数と呼びます。

　時間依存の関係は、1時点ずらした場合だけでなく、数時点ずらした場合も考えられます。そこで、ラグ数を増やしたときの自己相関係数を調べましょう。n個の時系列データ $\{r_1, r_2, r_3, \cdots, r_n\}$ が観測されている

場合、ラグ h の（標本）自己相関係数を

$$\frac{\sum_{t=h+1}^{n}(r_t-\bar{r})(r_{t-h}-\bar{r})}{\sum_{t=1}^{n}(r_t-\bar{r})^2} \tag{3.1.1}$$

と定義します。ただし、$\bar{r}=\frac{1}{n}\sum_{t=1}^{n}r_t$ であり、平均値をラグ数によらずに n 個の収益率で計算している点に注意してください。cor コマンドを利用して計算した自己相関係数とは、平均値の計算が異なるため、出力される値が異なります。今後は、（標本）自己相関係数の定義として (3.1.1) を用います。

ラグ h と自己相関係数の推移を確認するために、横軸にラグ h をとり、縦軸に対応する自己相関係数の値をプロットした図を**コレログラム**と呼びます。R では、自己相関係数を計算しコレログラムを描くための関数 acf が用意されています[注1]。

```
> acf(【対象データ】,plot=T)
```

引数 plot に T を指定すれば、コレログラムを描き、F を指定すれば自己相関係数を出力します。なお、引数 plot を省略した場合には、plot=T が設定されます。

はじめに、銘柄 X の自己相関係数を計算しましょう。

```
> acf(X.return,plot=F)
```

注1
ラグ数 h を変数とし、自己相関係数を値にとる関数を自己相関関数 (Auto Correlation Function) と呼びます。関数 acf はその頭文字をとっています。

```
Autocorrelations of series 'X.return', by lag

    0      1      2      3      4      5      6      7      8      9     10
1.000  0.631  0.517  0.450  0.324  0.295  0.286  0.156  0.059  0.103  0.134
   11     12     13     14     15     16     17     18     19     20
0.074  0.116  0.052 -0.087  0.020 -0.032 -0.014  0.027 -0.005 -0.020
```

ラグが 0 から 20 までの自己相関係数が得られました[注2]。ラグ 0 のときは、定義式 (3.1.1) の分母と分子が等しくなるため、自己相関係数の値は 1 となります。それ以降のラグにおける自己相関係数の値は、ラグ 1 では 0.631、ラグ 2 では 0.517、ラグ 3 では 0.450 と、ラグが大きくなるに従って自己相関係数の値が小さくなり、過去に遡るほどに現在との相関関係が弱くなっていくことが確認できました。

続いて、コレログラムを描いてみましょう。

```
> acf(X.return)
```

引数 plot は省略すると T が設定されますので、図 3-2 のようなコレログラムが自動的に得られます。横軸はラグの大きさであり、縦軸は各ラグでの自己相関係数の値を示しています。

図 3-2 のコレログラム内の上下の点線は、当該ラグの自己相関係数が 0 である帰無仮説のもとでの 95%信頼区間を指しています。そのため、点線を超えたラグの自己相関係数は、有意水準 5%で帰無仮説を棄却し、有意であると考えます。図 3-2 が示すところでは、ラグ 6 の自己相関係数までは有意であり、6 日前の値とも有意な相関関係が認められたと考えられます。ただし、額面通りに 6 日前の固有の収益率が当日の収益率に関係しているとは判断できません。なぜならば、自己相関係数の計算ではラグ 1 の積み重ねによる間接的な関係が含まれているからです。具

注2
表 3-1 で示した関数 cor を用いて計算したラグ 1 の自己相関係数である 0.635 と値が異なる理由は、算出式のうち平均の扱い方が異なるからです。

Series X.return

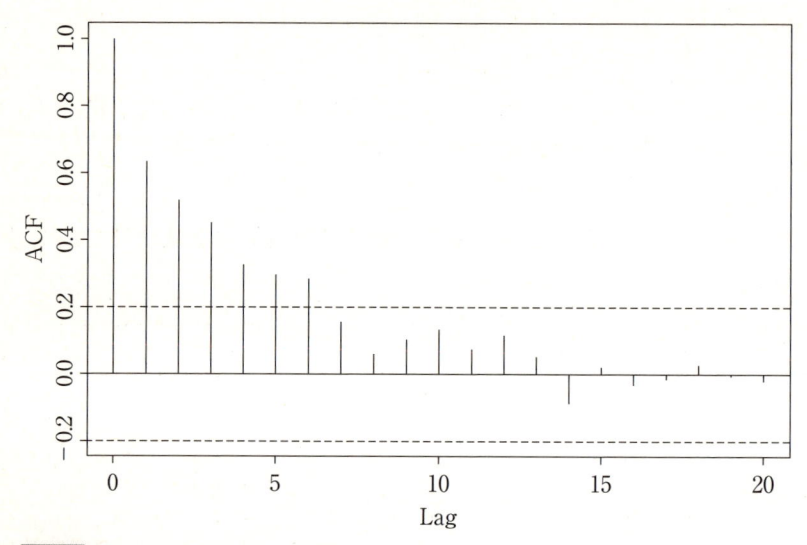

図3-2 銘柄Xの収益率のコレログラム

体的には、ラグ1の自己相関関係がある場合には、
  a. 今日の値には昨日の値が関係する。
  b. 昨日の値には一昨日の値が関係する。
のいずれも成り立ちます。それならば、aとbを組み合わせて、
  c. 今日の値には、昨日の値を通じた一昨日の値が関係する。
という考え方が可能となります。c.のような関係は、一般に推移律と呼ばれます。

　一方、推移律ではなく「一昨日の値が直接今日の値と関係する」という直接的な関係を調べるためには、昨日の影響を除去した「一昨日と今日の値の関係」を調べる方法が必要になります。このような考えの下で定義した自己相関係数を偏自己相関係数と呼びます。

　偏自己相関係数は関数acfの引数typeを"partial"と指定するか、頭文字をとって、"p"と指定することにより簡単に計算することがで

3-1 時間依存の表現

きます。

```
> acf(【対象データ】,plot=F,type="partial")
```

なお、引数 plot に T を指定すれば、横軸にラグ、縦軸に偏自己相関係数を描いたプロットを作成することができます。

それでは、Rで銘柄Xの収益率の偏自己相関係数を計算してみましょう。

```
> acf(X.return,plot=F,type="p")
```

```
Partial autocorrelations of series 'X.return', by lag

    1      2      3      4      5      6      7      8      9     10     11
0.631  0.197  0.110 -0.063  0.061  0.079 -0.145 -0.129  0.134  0.148 -0.103
   12     13     14     15     16     17     18     19     20
0.038 -0.045 -0.199  0.142 -0.078  0.106  0.047 -0.035  0.009
```

自己相関係数の時と異なり、偏自己相関係数は、ラグ0の結果は表示されずに、ラグが1から20までの値が表示されます。ラグ1の場合に0.631と大きな値をとりますが、それ以降ではラグ2の場合に0.197、ラグ3の場合に0.110と小さな値をとっています。偏自己相関係数では推移律によって生じた関係性が消えているため、ラグ2、ラグ3の偏自己相関係数の値が自己相関係数の値よりも減少していることに注意してください。

続いて、ラグごとの偏自己相関係数のプロットを描きましょう。

```
> acf(X.return,plot=T,type="p")
```

と入力すると、図3-3に示したように、横軸にラグ、縦軸に対応する偏自己相関係数を描いたプロットが得られます。

図3-3の中の点線については、図3-2と同様に、95％信頼区間を示しています。偏自己相関係数では、ラグ1のみが有意であり、それ以降の

Series X.return

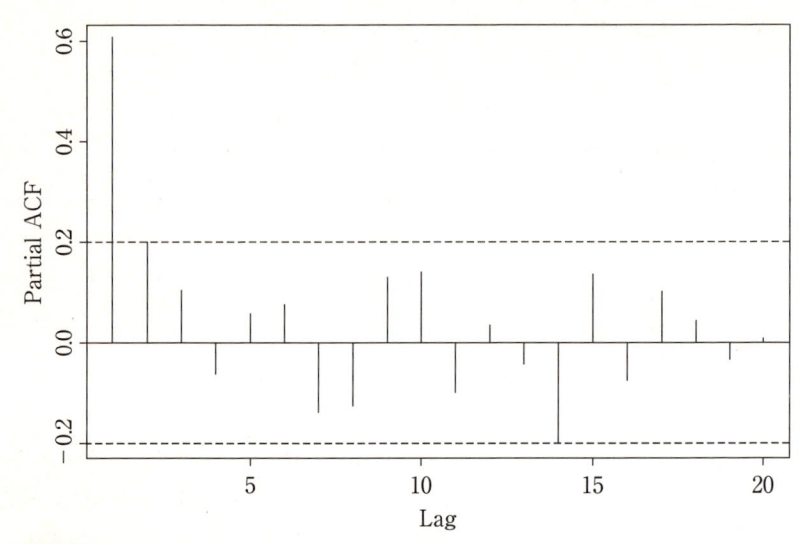

図 3-3　銘柄 X の収益率の偏自己相関係数のプロット

ラグでは有意なものはありません。したがって、銘柄 X の収益率は 1 時点前の値とのみ直接的な関係を有していることがわかりました。

　ある時系列データが自己相関関係を有しているかについては、自己相関係数、偏自己相関係数を確認する方法が一般的ですが、計量的な方法として統計的仮説検定を通じて「自己相関関係の有無」について判断する方法もあります。それが **Ljung-Box 検定**です。Ljung-Box 検定の帰無仮説は「自己相関関係を有していない」です[注3]。Ljung-Box 検定は、R に用意されている関数 Box.test で実行できます。その際、引数 type には "Ljung-Box"、または、頭文字のみ "L" を指定してください。

注3
もう少し正確に説明すると、Ljung-Box 検定は、ラグ k までの自己相関係数をまとめて 0 であるか否かを検定する方法です。したがって、正確な帰無仮説は $\rho_1=\rho_2=\cdots\rho_k=0$ であり、意訳して「自己相関関係を有していない」としています。なお、Box.test のコマンドで k の値を指定するには引数 lag を用います。省略した場合には lag＝1 で検定を行います。

```
> Box.test(【対象データ】,type="Ljung-Box"or"L")
```

それでは、R上で銘柄Xの収益率データにLjung-Box検定をかけてみましょう。

```
> Box.test(X.return,type="L")
```

```
        Box-Ljung test

data:  X.return
X-squared=41.0197,df=1,p-value=1.507e-10
```

　1行目には当てはめた検定の名称（R上ではBox-Ljung testと名前の順番が逆に表示されます）、2行目はデータの名称です。検定統計量がX-squared、指定したラグ数がdf、に表示され、p値はp-valueに示されます。p値は、％単位ではないことに注意してください。また、1.507e-10とは、1.507×10^{-10}を示しているため、0.0000000001507です。したがって、銘柄Xの収益率X.returnをLjung-Box検定にかけたときのp値は0.000001507％ですので、有意水準を10％とした場合に帰無仮説「自己相関関係を有していない」は棄却されるため、銘柄Xの収益率は自己相関関係を有していると判断できます。

　一方で、銘柄Yの収益率についてもLjung-Box検定をかけると、p値が0.81201（81.201％）と得られます。ここで、先ほどと同様に有意水準を10％に設定すると、帰無仮説が受容されるため、銘柄Yの収益率には自己相関関係が存在しないと判断できます。

CHAPTER 3-2 時系列データの性質
〜定常性について〜

　時間依存を調べることは、いわば、データの並び順に意味を見出すことに当たります。したがって、データの並び順を考慮しない「データが独立に抽出された標本」という前提条件に基づいた分析手法では、時間依存の関係を調査することはできません。それでは、時間依存を考慮して時系列データを分析するためには、どのような前提を立てるべきなのでしょうか。まずは、時系列データ分析の一般的なセットアップを紹介しましょう。確率変数列 $\{R_1, R_2, R_3, \cdots, R_n\}$ を考えます。そして、その実現値 $\{r_1, r_2, r_3, \cdots, r_n\}$ を定義します。添え字を順序関係を考慮した時刻とすれば、$\{r_1, r_2, r_3, \cdots, r_n\}$ を時系列データとみなせるので、時系列データ分析は、R_t そのものを調べることと等しくなります。そこで本節では、この前提にもとづいた R_t の特性の調べ方の基本事項を確認していきましょう。

　各 t 時点の確率変数 R_t が従う分布の特性を調べるために、以下の平均、分散、共分散について考えていくことにしたいと思います。

1. $E(R_t)$：平均
2. $Var(R_t) = E[\{R_t - E(R_t)\}^2]$：分散
3. $Cov(R_t, R_{t-h}) = E[\{R_t - E(R_t)\}\{R_{t-h} - E(R_{t-h})\}]$：共分散

　ここで、3番目の共分散に関してですが、(時間差を考えた) 同じ確率変数列に対する共分散ですので、**自己共分散**と呼びます。自己相関係数と同様に、$Cov(R_t, R_{t-h})$ をラグ h の自己共分散と呼びます。

はじめに、$E(R_t)$ の推定について考えましょう。$E(R_t)$ は時点 t の確率変数 R_t に関する平均です。異なる時点の平均が等しいという前提は置いていないため、この段階では推定値として標本平均を採用することはできません。なぜならば、R_1、R_2、R_3 の平均が異なる場合もあり得るからです。$Var(R_t)$ の推定も同様で R_1、R_2、R_3 の分散が異なる場合もあるため、標本分散を推定値として採用することはできません[注4]。

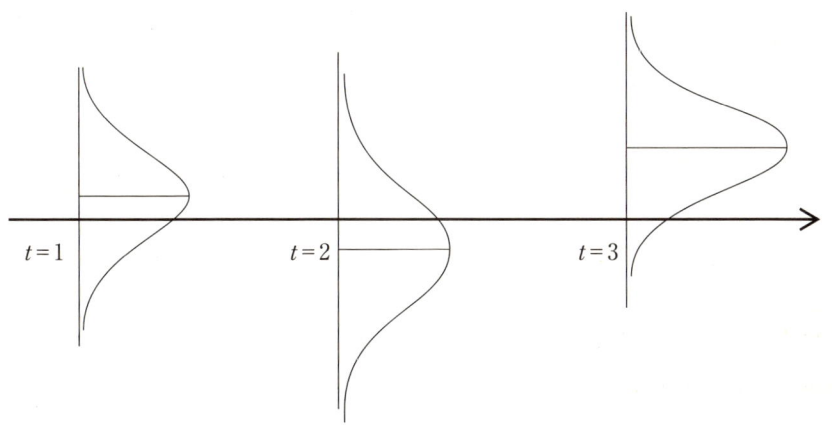

図 3-4　各時点の確率変数が異なる分布に従うイメージ

また、確率変数列 $\{R_1, R_2, R_3, \cdots, R_n\}$ のそれぞれが従う分布が等しいという仮定もおいていないため、図 3-4 で示すように、$t=1, 2, 3$ でそれぞれの確率変数が従う分布が異なる場合も考えられます。もし、時点を固定して繰り返し観測できるのであれば、$t=1$ 時点の確率変数 R_1 を幾度も観測することによって、無数の r_1 を生成し、標本平均、標本分散を計算できますが、株価や収益率などの時系列データでは、通常各時点の観測値は 1 つに固定されています。

それでは、時系列データ分析を行う上で必要となる前提条件とはどう

注4
ここでの考え方を踏襲すれば、前節の自己相関係数の計算も行うことはできません。

いったものでしょうか。前章まで仮定していた前提条件「データが同一の分布からの独立抽出した標本」では、条件が強すぎます。特に「独立抽出した標本」を仮定すると、データの並び順に関係性を認めないので、時間依存関係を考えることができなくなります。そこで、「データが同一の分布に従う」という条件をもとに、時系列データ分析に適した前提条件を考えることになります。すべての時点の確率変数が同一の分布に従うという条件は強いので、先ほど挙げた分布の特性を調べるために必要な3つの統計量に絞り、次のような前提条件を考えます。

ある確率変数列 $\{R_1, R_2, R_3, \cdots, R_n\}$ が次の3つの条件

1. $E(R_t) = a$ 　　　　　平均が一定
2. $Var(R_t) = \gamma_0$ 　　　　分散が一定
3. $Cov(R_t, R_{t-h}) = \gamma_h$ 　自己共分散がラグ h のみに依存

を満たすとき、**(弱)定常性**[注5]をもつと定義します。

ここで重要な点は、平均、分散は時点 t に依存しておらず一定の値をもち、自己共分散も時点 t に依存せずラグ h にのみ依存しています。また、定常な確率変数列の場合には、$\gamma_h = \gamma_{-h}$ となります[注6]。ラグの正負によらず自己共分散が一致する性質から、1時点遡った値との関係 (R_{t-1}, R_t) と、1時点未来の値との関係 (R_t, R_{t+1}) ではどちらも同じ自己共分散になります。

続いて、時系列データ $\{r_1, r_2, r_3, \cdots, r_n\}$ が得られているときに、a、γ_h の推定を考えましょう。

注5
弱定常性と呼ぶからには、強定常性が存在します。この2つの違いについては、コラム〜弱定常性と強定常性〜を参照してください。

注6
定義にしたがえば、次のように確かめられます。(左辺) $= \gamma_h = E[(R_t - a)(R_{t-h} - a)] = E[(R_t - a)(R_{t+h} - a)] = E[(R_t - a)(R_{t-(-h)} - a)] = \gamma_{-h} =$ (右辺)

3-2 時系列データの性質〜定常性について〜

1. $\hat{a} = \dfrac{1}{n}\sum_{t=1}^{n} r_t$

2. $\hat{\gamma}_0 = \dfrac{1}{n}\sum_{t=1}^{n} (r_t - \hat{a})^2$

3. $\hat{\gamma}_h = \dfrac{1}{n}\sum_{t=h+1}^{n} (r_t - \hat{a})(r_{t-h} - \hat{a})$

　実際の時系列データ分析で計算する値は、これらの推定値になります。R 上で、平均値を計算するためには、コマンド mean を利用し

```
> mean(【対象データ】)
```

と入力すればよく、分散、自己共分散の場合は、コマンド acf を利用し

```
> acf(【対象データ】,plot=F,type="covariance")
```

のように、引数 type に "covariance" を指定するか、"cov" と指定すれば計算できます。

　また、ラグ h の標本自己相関係数を $\hat{\rho}_h$ とおくと、標本自己共分散を用いて

$$\hat{\rho}_h = \dfrac{\hat{\gamma}_h}{\hat{\gamma}_0}$$

で定義できます。なお、自己相関係数は定義より、$\rho_0 = 1$、$|\rho_h| \leq 1$ となることが明らかです。

　自己相関係数は、単に自己共分散を分散で割ることによって基準化したものにすぎませんが、基準化したことにより、ラグ h の2つの変数間の関係の強さの解釈が簡単になります（自己共分散の場合では値を見ただけでは、強弱の判断が難しい）。自己相関係数が時点間の関係性を調べる上で重要な道具になることは、前節で確認した通りです。

この節の最後に、定常な時系列のなかでも最も簡単で重要な系列である**白色雑音（ホワイトノイズ）**を紹介します。ある確率変数列 $\{U_1, U_2, U_3, \cdots, U_n\}$ がホワイトノイズであるとは、平均が0、分散がある一定の値をとり、全ての自己共分散が0となっているものを指します。数式で表すと

1. $E(U_t) = 0$
2. $Var(U_t) = \sigma^2$
3. $Cov(U_t, U_{t-h}) = 0$

という場合になります。

　本節では、時系列データを分析する上での前提条件について、従来の「データが同一分布からの独立抽出した標本」に代わり、定常性を導入しました。次節では、定常性を満たす確率変数列の特徴を表すためのモデルを導入し、時系列データの分析をさらに進めていこうと思います。

コラム〜弱定常性と強定常性〜

　弱定常性では、平均、分散、共分散が時点 t に依存せずに等しいことが条件となっていました。強定常性では、各時点の確率分布が等しいことが条件となっており、文字通りに弱定常性よりも強い条件を課しています。

　正規分布の場合、平均と分散の2つのパラメタで分布の特性が決定するため、弱定常性をもつ正規過程（ホワイトノイズ）は強定常性を有すことになります。

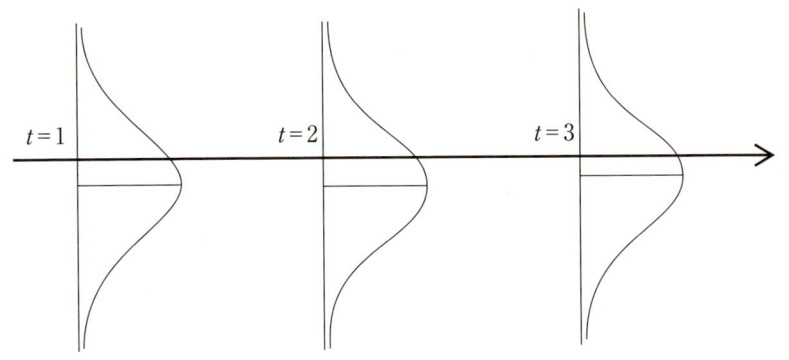

〈各時点の確率変数が等しい確率分布に従っている例〉

　それでは、強定常性を持つ時系列データは必ず弱定常性を持つのでしょうか？これは必ずしもそうとは限りません。各時点で等しいコーシー分布に従う確率変数列を考えると、定義からも明らかなように強定常性を有する時系列データになります。しかしながら、コーシー分布は平均・分散が発散するため、弱定常性の条件を満たすことができません。

　実際に観測された時系列データを扱う上で、平均・分散を計算できないような事例は少ないかもしれません。ましてや、ファイナンスデータに限れば、分析対象としてこのようなデータに出会うことはほとんどないかもしれませんが、数学的な厳密な議論では、強定常な時系列データであっても弱定常性を有していないものが存在するということは記憶にとどめておいてください。

CHAPTER 3-3 自己回帰モデルの導入

　本節で取り扱う確率変数列と時系列データは定常性を満たしていると仮定します。

　前章で考察した収益率の時間依存の構造では、「昨日と同じ値が出やすい」または「昨日とは反発した値が出やすい」などがありました。このことは、確率変数列 $\{R_1, R_2, R_3, \cdots, R_n\}$ の要素である確率変数 R_t と R_{t-1} の間に何らかの関係性があることを意味しています。その関係性について確率変数を用いて定式化すると

$$R_t = \mu + \phi_1 R_{t-1} + \varepsilon_t \tag{3.3.1}$$

と表すことができます。(3.3.1) は、1時点前の自分自身を説明変数とした（単）回帰モデルと考えることができるため、**自己回帰モデル**と呼びます。なお、自己回帰モデルでは考慮するラグ数を**次数**と呼び、(3.3.1) では被説明変数と説明変数はラグ1の関係ですので、1次の自己回帰モデルと呼び、AR(1) モデルと表記します[注7]。なお、ε_t には**ホワイトノイズ**を仮定します。

　自己回帰モデルでは、現在の情報 R_t に対し、過去の情報 R_{t-1} が与える影響を明示的に表現しています。なお、切片 μ と自己回帰係数 ϕ_1 が既知の場合には R_{t-1} も過去の情報であるために、R_t に新たな情報を与える要素は ε_t だけになります。なお、ε_t はホワイトノイズを仮定しているため自己相関性がなく、過去時点の情報 $\varepsilon_{t-1}, \varepsilon_{t-2}, \varepsilon_{t-3}, \cdots$ は、ε_t に

注7
自己回帰モデルの英語である autoregressive model から頭文字をとり AR モデルと略し、次数をカッコ内に記します。

影響を与えないため、AR(1) モデルにおける R_t の構成要素は、
　過去の情報をもとに確定的に定まる部分：$\mu + \phi_1 R_{t-1}$
　過去の情報とは無関係に確率的に新たな情報を与える部分：ε_t
に分けられます。なお、ε_t のみが新たな情報を与える部分であるために、ε_t をイノベーションと呼ぶこともあります。

　AR(1) モデルは定義よりラグ 1 の関係のみを表していますが、3-1 節で述べた自己相関係数と同様に、間接的に過去の情報の影響を受けると考えられます。具体的には、2 つの AR(1) モデル

a.　$R_t = \mu + \phi_1 R_{t-1} + \varepsilon_t$
b.　$R_{t-1} = \mu + \phi_1 R_{t-2} + \varepsilon_{t-1}$

を考えた場合、a. の右辺の R_{t-1} を b. で置き換えることで

c.　$R_t = \mu + \phi_1(\mu + \phi_1 R_{t-2} + \varepsilon_{t-1}) + \varepsilon_t$
　　$= (1 + \phi_1)\mu + \phi_1^2 R_{t-2} + \varepsilon_t + \phi_1 \varepsilon_{t-1}$

と計算することができます。すなわち、ラグ 1 の関係を表した 2 つの式 a. と b. を組み合わせることにより、c. のようにラグ 2 の確率変数 (R_t, R_{t-2}) の結びつきを表すことができました。さらに計算をすすめることによって、

$$\begin{aligned}
R_t &= (1+\phi_1)\mu + \phi_1^2 R_{t-2} + \varepsilon_t + \phi_1 \varepsilon_{t-1} \\
&= (1+\phi_1)\mu + \phi_1^2(\mu + \phi_1 R_{t-3} + \varepsilon_{t-2}) + \varepsilon_t + \phi_1 \varepsilon_{t-1} \\
&= (1+\phi_1+\phi_1^2)\mu + \phi_1^3 R_{t-3} + \varepsilon_t + \phi_1 \varepsilon_{t-1} + \phi_1^2 \varepsilon_{t-2} \\
&\vdots \\
&= (1+\phi_1+\phi_1^2+\cdots+\phi_1^{p-1})\mu + \phi_1^p R_{t-p} \\
&\quad + (1\cdot\varepsilon_t + \phi_1\cdot\varepsilon_{t-1} + \phi_1^2\cdot\varepsilon_{t-2} + \cdots + \phi_1^{p-1}\cdot\varepsilon_{t-p+1}) \\
&= \left(\sum_{k=0}^{p-1}\phi_1^k\right)\mu + \phi_1^p R_{t-p} + \left(\sum_{k=0}^{p-1}\phi_1^k \cdot \varepsilon_{t-k}\right)
\end{aligned}$$

となり、R_t はラグ p の情報 R_{t-p} に ϕ_1^p を乗じた影響を受けていると考えられます。ここで、AR(1) モデルに従う確率変数列が定常性を満たすための条件は、$|\phi_1|<1$ で与えられます。また、平均、分散、自己共分散、自己相関係数はそれぞれ、

1. $E(R_t) = \dfrac{1}{1-\phi_1}\mu$
2. $Var(R_t) = \dfrac{\sigma^2}{1-\phi_1^2}$
3. $\gamma_h = \phi_1^h \gamma_0$
4. $\rho_h = \phi_1^h$

と計算できます[注8]。ただし、分散で用いている σ^2 は、イノベーションの分散です。

さて、ここまでのところで、AR(1) モデルを前提としたときの確率変数列 R_t の性質について述べてきました。次に、時系列データに AR(1) モデルを当てはめる方法について考えていきましょう。いま、n

---

注8
詳しい計算方法は付録 A-4 を参照してください。

個の時系列データ $\{r_1, r_2, r_3, \cdots, r_n\}$ に対して AR(1) モデルを当てはめたとしましょう。具体的には、

$$r_t = \mu + \phi_1 r_{t-1} + e_t$$

を考えますが、実際の分析ではモデルのパラメタである、

1. 自己回帰係数 ϕ_1
2. 切片 μ
3. イノベーションの分散 σ^2

は全て未知であるため、推定が必要となります。

　未知パラメタの推定法の1つとしては、単回帰分析に見立てて未知パラメタを推定する方法が挙げられます。この方法は、通常の最小2乗法を用いた手法であるので、**OLS**（Ordinary Least Square）**法**とも呼ばれます。簡単な説明を付録 A-2 に載せていますが、単回帰モデル $Y = \alpha + \beta X + \varepsilon$ として AR(1) モデルを読みなおせば、切片 μ を α に、自己回帰係数 ϕ_1 を β にそれぞれ読み替えて推定することができます。また、イノベーション e_t は単回帰分析の残差項 ε と見立てれば、残差の標本分散を σ^2 の推定値の代理に用いることもできます。

　その他の方法としては、前節で学習した標本平均、標本自己共分散などを利用した方法が挙げられます。具体的な手順を示すと、ラグ1の自己相関係数は $\rho_1 = \phi_1$ であることから、

$$\phi_1 = \gamma_1 / \gamma_0$$

自己回帰係数の推定値を

$$\hat{\phi}_1 = \hat{\gamma}_1/\hat{\gamma}_0 = \frac{\sum_{t=2}^{n}\left\{\left(r_t - \frac{1}{n}\sum_{t=1}^{n}r_t\right)\left(r_{t-1} - \frac{1}{n}\sum_{t=1}^{n}r_t\right)\right\}}{\sum_{t=1}^{n}\left(r_t - \frac{1}{n}\sum_{t=1}^{n}r_t\right)^2}$$

で求めることができます。次に切片 μ の推定値は、$E(R_t) = \frac{\mu}{1-\phi_1}$ であることから、自己回帰係数の推定値 $\hat{\phi}_1$ を利用すれば、

$$\hat{\mu} = \left(1 - \hat{\phi}_1\right) \times \frac{1}{n}\sum_{t=1}^{n}r_t$$

で計算できます。なお、イノベーションの分散 σ^2 については、$\gamma_0 = \frac{\sigma^2}{1-\phi_1^2}$ を利用すればよく、これまでに計算してきた推定値を代入すれば、

$$\hat{\sigma}^2 = (1 - \hat{\phi}_1^2)\hat{\gamma}_0$$

で求めることができます。

　このように数学を用いて計算する方法もありますが、Rには関数 ar が用意されており簡単にパラメタの推定値を求めることができます。なお、明示的に AR(1) モデルを当てはめる場合には、

```
> ar(【対象データ】,aic=F,order.max=1)
```

と入力します。ここで、引数 aic は、AIC（赤池情報量規準：Akaike Information Criterion）により最適な次数を選択するかどうかを設定するものです。Tを与えると自動的に次数を選択してしまうため、今回はAR(1) モデルを当てはめるために F を設定し、引数 order.max に 1 を設定します[注9]。なお、AIC とは最適な次数を選択するための1つの指標であり、「AIC が最小の値を示す AR モデル」=「AIC を計算した

ARモデルの中でもっともよく対象データを説明するモデル」であると考えてください。

銘柄 X の収益率データに対して AR(1) モデルを当てはめる場合には R に以下の式を入力します。

```
> ar(X.return,aic=F,order.max=1)
```

```
Call:
ar(x=X.return,aic=F,order.max-1)

Coefficients:
     1
0.631

Order selected 1  sigma^2 estimated as  8.709
```

$\hat{\phi}_1 = 0.631$、$\hat{\sigma}^2 = 8.709$ と求めることができました。ただし、$\hat{\mu}$ については標準で出力されないため、

```
> (1-0.631)*mean(X.return)
```

と入力し、$\hat{\mu} = 0.084$ と求める必要があります。

R で計算した結果から、銘柄 X の収益率を、

$$r_t = 0.084 + 0.631 \times r_{t-1} + e_t$$

とモデル化できました。t 時点の収益率 r_t は、1 時点前の収益率 r_{t-1} に近い値が出やすいことがモデルから読み取れます。この性質は 2-4 節で時系列プロットの観察から得られた結果に等しいことがわかります。

それでは、銘柄 Y の収益率に自己回帰モデルを当てはめるとどのよ

注9
たとえば、自己回帰モデルの次数が 0 から 10 までの間で最適な次数を AIC で選択させる場合には、aic=T, order.max=10 と設定します。

うになるでしょうか？銘柄 Y は、時系列プロットの観察からは時間依存の構造は観測されず、3-1 節で確かめたように Ljung-Box 検定でも自己相関性を有していないと判断されました。そのため、ここでは明示的に AR(1) モデルをあてはめるのではなく、AIC を用いて、AR(1) モデル（$r_t = \mu + \phi_1 r_{t-1} + e_t$）か AR(0) モデル（$r_t = \mu + e_t$）のどちらが適しているかを選択させましょう。以下が R への入力式です。引数 aic に T を与えることで AIC によるモデル選択が行われます。また引数 order.max で最大次数を 1 に制限しています。

```
> ar(Y.return,aic=T,order.max=1)
```

```
Call:
ar(x=Y.return,aic=T,order.max=1)

Order selected 0   sigma^2 estimated as  14.32
```

　選択されたモデルは AR(0) モデルであり、これまでの時系列プロットの観察、Ljung-Box 検定の結果と一致しました。

　本節では、定常な時系列データに対するモデルのうち、ラグ 1 の自己相関関係に注目した AR(1) モデルを導入し、未知パラメタの推定法について説明しました。また、R を用いて具体的に AR(1) モデルを当てはめる方法を確認しました。それでは、定常性を満たさない場合の AR(1) モデルはどのような挙動を示すのでしょうか。この点については次節で説明していきたいと思います。

CHAPTER 3-4 単位根過程について

　時系列データ分析を行う場合に、前提条件として時系列データに定常性を課してきました。本節では、AR(1) モデルに従うものに焦点を絞り、非定常な時系列データの挙動について確認していきましょう。なお、本節で扱う時系列データはすべて R 上でシミュレーションにより発生させたものです。

　ある確率変数列 R_t が AR(1) モデルに従っているときに、$R_t(t \geq 2)$ の平均と分散は、

$$E(R_t) = \left(\sum_{k=0}^{t-2} \phi_1^k\right)\mu + \phi_1^{t-1} R_1 \quad (3.4.1)$$

$$Var(R_t) = \sigma^2 \sum_{k=0}^{t-2} \phi_1^{2k} \quad (3.4.2)$$

と計算することができます。定常性を有する場合には、平均と分散は発散せず、時間に依存しない定数でなければなりません。ですから、AR(1) モデルでは定常性を満たす条件が $|\phi_1|<1$ になりますので、本節で考える非定常な場合とは $\phi_1>1$、$\phi_1<-1$、$\phi_1=1$、$\phi_1=-1$ の 4 種類になります。図 3-5 には、μ と ϕ を変更して発生させたサンプルの時系列データの時系列プロットを描画しました。

1. **$\phi_1>1$ の場合**　平均、分散が発散することが (3.4.1) と (3.4.2) から容易に確認できます。図 3-5 の (a) には $\phi_1=1.2$ である時系列データの例を載せておりますが、t が進むにつれて値が限りなく大きくなっていき、やがて発散していく様子が観測できます。

2. **$\phi_1 < -1$ の場合** 平均は t が進むにつれて値が大きくなり、さらに t の偶奇によって正負の値が繰り返されます。一方で、分散は t が大きくなると発散します。図 3-5 の (b) では $\phi_1 = -1.2$ の例を載せており、振動しながら振幅が限りなく大きくなり、やがて発散していく様子がわかります。

このように、$|\phi_1| > 1$ の場合にはデータ系列が時間の経過に伴って容易に発散していきます。ファイナンスで取り扱うデータの中で、このような性質を持つものはありえないため、当然のことながら分析の対象外として扱っても問題ありません。なお、仮にそのようなデータがあったとしても時系列プロットを確認すれば、定常でないことがすぐに判断できます。

3. **$\phi_1 = -1$ の場合** (3.4.2) より t が大きくなるにつれて分散も大きくなっていき、やがて発散することがわかります。平均については、(3.4.1) より t の偶奇によって正負が振動し収束はしません。図 3-5 の (d) の時系列プロットを確認すれば、容易に分析の対象外であると判断することができます。

4. **$\phi_1 = 1$ の場合** この系列は分析の対象外と容易に判断できるものでしょうか？ (3.4.2) からは、t が大きくなるにつれて分散が大きくなり、やがて発散することがわかります。一方で平均については、$\mu = 0$ のときには発散しないため、図 3-5 の (c) で示す通り分析の対象外と判断し難い場合も存在します。そのため $\phi_1 = 1$ となる時系列を、**単位根**をもつ時系列と呼び、その他の非定常時系列とは別に扱います。

定常性を持たない AR(1) モデルに従う時系列データの中では、単位根をもつ時系列データに注意する必要があります。しかし、単位根をも

3-4 単位根過程について

(a) $\phi = 1.2$　$\mu = 0$

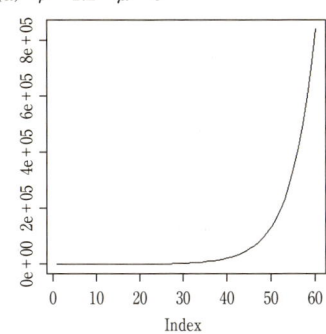

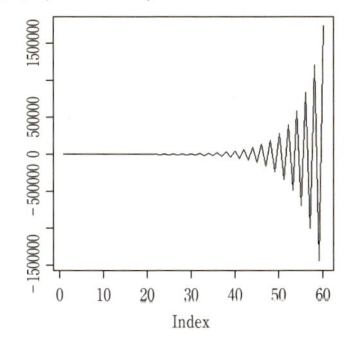

(b) $\phi = -1.2$　$\mu = 0$

(c) $\phi = 1$　$\mu = 0$

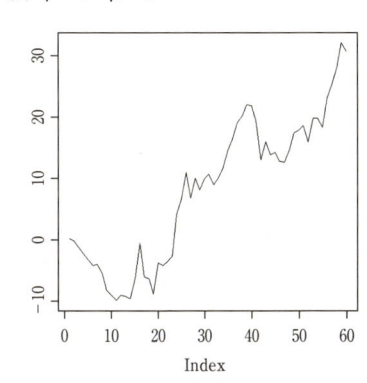

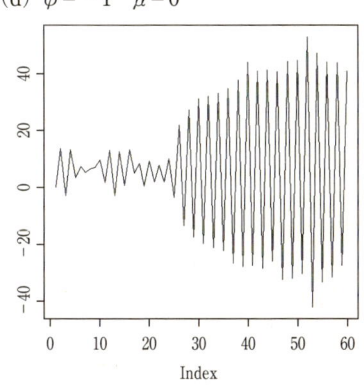

(d) $\phi = -1$　$\mu = 0$

(e) $\phi = 0.5$　$\mu = 0$

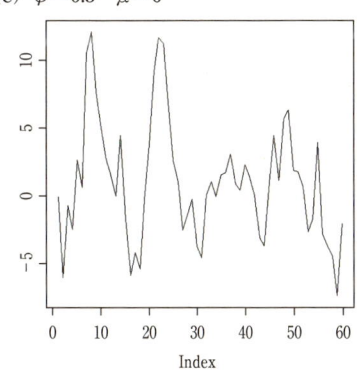

(f) $\phi = -0.5$　$\mu = 0$

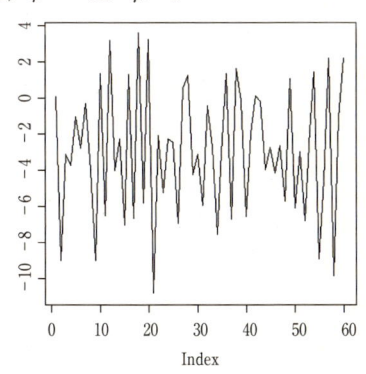

図 3-5 非定常、定常な AR(1) モデルに従う時系列データ例

つ時系列データは非定常ですので、これまでに説明した定常な時系列データを対象としたデータ分析手法を適用することができません。そのため、実際の時系列データ分析では、はじめに対象のデータが単位根を有しているか否かを確認する必要があります。

単位根をもつ時系列データとはどのようなものが考えられるのでしょうか。いま、切片を0とし単位根をもつ（$\phi_1=1$である）AR(1)モデルは、

$$R_t = R_{t-1} + \varepsilon_t$$

と定式化できます。この式は、

$$R_t = R_1 + \varepsilon_1 + \varepsilon_2 + \varepsilon_3 + \cdots + \varepsilon_t$$

と書き換えることができます。ε_tはホワイトノイズであるため、

$$E(\varepsilon_1) = E(\varepsilon_2) = \cdots = E(\varepsilon_t) = 0$$

です。そのため$E(R_t) = E(R_1)$となり、平均は初期状態のまま発散しませんが、時点tでの確率変数R_tは、互いに独立で同一の正規分布に従う確率変数の和（ホワイトノイズの和）であるため、観測されるデータの水準は確率的に変動します。このような系列を**ランダムウォーク**と呼びます。なお、差分の形は

$$R_t - R_{t-1} = \varepsilon_t$$

とホワイトノイズであるため、定常性を有する確率変数列になります。

このランダムウォークはどのような場所で観察できるでしょうか。単純な例としては、株価が挙げられます。株価は基本的には前日の終値にランダムな騰落が加わった形として考えられるので、t時点の株価は、$t-1$時点の株価にホワイトノイズを足したものと考え、ランダムウォークのような動きであると考えても問題なさそうです。それでは、実際に株価は単位根をもっているのでしょうか？株価データを用いて確かめて

3-4 単位根過程について

いきましょう。

　単位根の有無の検定については、**Dickey-Fuller 検定**があります。この検定の帰無仮説は、「データ系列に単位根が存在する」です。R 上で Dickey-Fuller 検定を実行するコマンド adf.test を利用するには、時系列分析を目的としたパッケージ：tseries を読み込む必要があります。2-3 節の runs.test のときと同様に、

```
> library(tseries)
```

と入力してパッケージを読みこんでください。その後に、

```
> adf.test(【対象データ】)
```

と入力することで検定を行うことができます。

　ヤマハの株価に対して Dickey-Fuller 検定をかけた場合の出力例は次の通りです。

```
> adf.test(price4$x7272)
```

```
        Augmented Dickey-Fuller Test

data:  price4$x7272
Dickey-Fuller = -2.9204, Lag order = 4, p-value = 0.1943
alternative hypothesis: stationary
```

　p 値は 0.1943（19.43％）であるため、有意水準を 10％とおくと帰無仮説「データ系列に単位根が存在する」を棄却できず、ヤマハの株価は単位根を有すると判断できます。一方で、ヤマハの収益率に Dickey-Fuller 検定をかけた場合は、次のような出力結果が得られます。

```
> adf.test(return4$x7272)
```

```
        Augmented Dickey-Fuller Test

data:    return4$x7272
Dickey-Fuller = -4.9151, Lag order = 4, p-value = 0.01
alternative hypothesis: stationary

 警告メッセージ:
In adf.test(return4$x7272) : p-value smaller than printed p-value
```

　警告メッセージは、表示されている p 値は 0.01（1%）ですが、実際はそれよりも小さな値であると述べています。したがって、有意水準を 10% とした場合には帰無仮説が棄却されるため、ヤマハの収益率は単位根を有していないと判断できます。ここで、ヤマハの収益率の時系列プロットと図 3-5 の 6 つの時系列プロットを比較してください。収益率の時系列プロットは図 3-5 の (a)、(b)、(d) のように発散していくようなものではないため、収益率は「単位根を有する」か「定常性を満たす」のいずれかであると考えられます。いま、Dickey-Fuller 検定によって収益率が単位根を有していないことがわかりましたので、消去法的に収益率が定常性を満たしていると判断できます[注10]。

　同様に Dickey-Fuller 検定をかけることによって、前章で分析した 4 銘柄ともに、株価は単位根を有し、収益率は単位根を有していないことがわかります。それぞれの収益率の時系列プロットの観察とあわせることによって、4 銘柄の収益率が定常性を有すると判断できます。時系列データの平均、分散、自己相関係数などの計算をはじめとした時系列データの分析をする際には、事前に単位根検定を行い、分析対象の時系列データが定常性を有するか確かめることが必要です。

注10
R の出力では Dickey-Fuller 検定の対立仮説が「データ系列は定常性を有す」となっていますが、正確には本文で述べた手続きを踏んだ後に、「データ系列が定常性を有す」という判断に至ります。

CHAPTER 4

第 4 章

【応用編】
ホワイトノイズから 分散不均一構造へ
― ARCH、GARCH モデルの活用 ―

第 4 章 の ポ イ ン ト

- [ ] 自己回帰モデルの当てはめ残差がホワイトノイズの仮定を満たしているか確認
- [ ] 分散不均一構造をもつ ARCH、GARCH モデルの活用
- [ ] ARCH、GARCH モデルの標準化残差に歪んだ分布の仮定
- [ ] 得られた時系列モデルをシミュレートして予測やリスク計測に活用

CHAPTER 4-1 自己回帰モデルの当てはめ残差を調べる

　データにモデルを当てはめたときの残差（当てはめ残差）は、誤差項の実現値と見ることができます。3章で当てはめた自己回帰モデルでは誤差項にホワイトノイズを仮定していました。もし得られた残差を調べてホワイトノイズと同一の性質をもっていれば、自己回帰モデルの当てはめは成功と言えますが、そうでなければ当てはめ結果の信頼度は大きく低下します。そこで本節では、日次収益率のデータに対して自己回帰モデルを当てはめ、得られた残差がホワイトノイズになっているか否かまで吟味してみたいと思います。

> **データ分析のポイント**
> - 自己回帰モデルの当てはめでは、残差がホワイトノイズになっているかどうかでモデルの信頼度が変わります。必ず調べましょう。

　図4-1は関西の2つの企業、近畿日本鉄道（証券コード9041）と阪急阪神ホールディングス（証券コード9042）の日次収益率の時系列図を表しています。どちらも鉄道事業を保有していることで有名な企業です。この図は以下のコマンドをRに入力することで作成ができます。

```
> par(mfcol=c(2,1))
> plot(data.log.return$x9041,type="l",ylab="Return")
> plot(data.log.return$x9042,type="l",ylab="Return")
```

　さらに2つの系列に対して関数 ar を適用し自己回帰モデルを当てはめます。3-3で説明したようにオプション aic=F を明示的に与えなければ、関数 ar は AIC と呼ばれる情報量規準を使って最適な次数の自己

4-1 自己回帰モデルの当てはめ残差を調べる

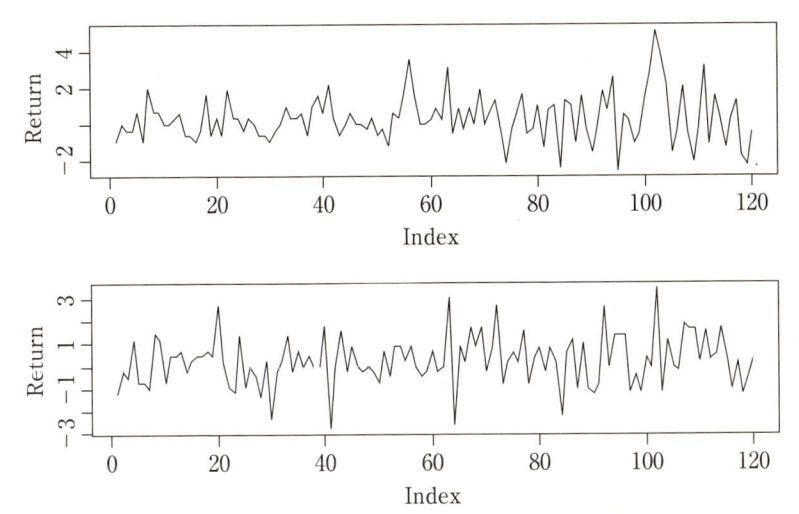

図4-1 関西の2つ鉄道会社の株式日次収益率の時系列図

回帰モデルを自動的に選び出してくれます。

```
> ar.fit1=ar(data.log.return$x9041)
> ar.fit1
```

```
Call:
ar(x=data.log.return$x9041)

Coefficients:
     1
0.1591

Order selected 1   sigma^2 estimated as  1.64
```

```
> ar.fit2=ar(data.log.return$x9042)
> ar.fit2
```

```
Call:
ar(x=data.log.return$x9042)

Coefficients:
      1
-0.1397

Order selected 1  sigma^2 estimated as  1.198
```

上の結果を見てわかるように、どちらも次数1のARモデルが選ばれました。係数はそれぞれ0.1591と-0.1397ですからそれほど強い自己相関はありません。実際、図4-2のように標本自己相関関数によるコレログラムを書いてみても次数1の自己相関は有意とはなっていません。なお、次の式を入力すれば図4-2のコレログラムが得られます。

```
> acf(data.log.return$x9041)
```

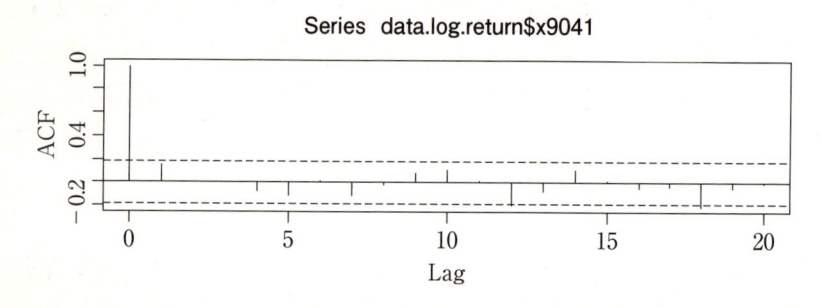

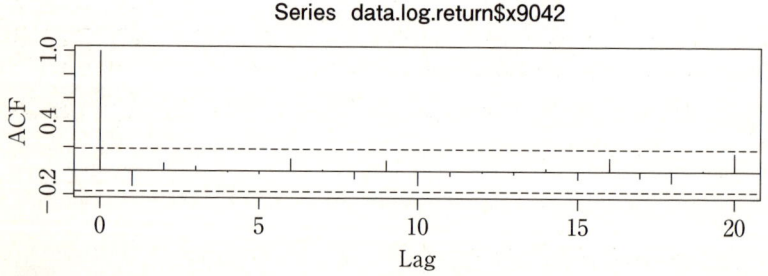

図4-2 2つのコレログラム

```
> acf(data.log.return$x9042)
```

AICによる自動選択結果とコレログラムの結果が異なっているので、どちらを採用するかは難しい判断ですが、ひとまずは次数1の自己回帰モデルであるAR(1)モデルを採用することにして話を進めます。

> **データ分析のポイント**
> - 関数 ar の引数に aic=F を与えなければ、AIC を基にした次数選択が自動的に行われます。
> - 関数 ar を用いて自己回帰モデルによる時系列データのモデル化をするときは、AIC による次数の自動選択とコレログラムの結果を比較しましょう。

もし推定した AR(1) モデルが正しければ、当てはめ残差は AR モデルの誤差項であるホワイトノイズを推定した値ということになります。一方、このホワイトノイズを ε_t と表したとすると、その平均は $E(\varepsilon_t) = 0$ であり、分散は $Var(\varepsilon_t) = \sigma^2$（定数）となりますから、残差系列の平均と分散もこの仮定を満たしている必要があります。それでは残差がこれらの仮定を満たしているか調べてみましょう。

> **データ分析のポイント**
> - AR モデルを当てはめたときの残差が誤差項の仮定であるホワイトノイズにしたがっているならば、残差の平均と分散もホワイトノイズのそれと同様の性質を持つ必要があります。
> - 残差の平均と分散の性質は、それぞれ残差と残差の 2 乗の系列を調べることでわかります。

① 誤差平均（残差系列）を調べる

もし残差系列の間に時間依存の構造が存在しているならば、誤差項の

平均は $E(\varepsilon_t) = f(t)$ という時間を引数とした関数になっていることになります。これは $E(\varepsilon_t) = 0$ というホワイトノイズの仮定を満たしていませんので、モデルの当てはまりはよくないということになります。ですから、AR モデルを当てはめた場合、すくなくとも残差には時間依存構造がないことを調べておく必要があります。

もし、残差系列に時間依存の構造がなければ、残差のコレログラムを描いても意味のある自己相関は見当たらないでしょうし、AR モデルを当てはめても AIC の規準で選択されるモデルの次数も 0 になるはずです。また、Ljung-Box 検定のような自己相関の検定でも「自己相関はない」という帰無仮説は棄却できないはずです。そこで、これらの 3 つの条件が成立するかどうか具体的に調べていくことにしましょう。

まずはコレログラムを描きます。入力式は次の通りです。ここで [-1] は欠損となっている resid の 1 番目の要素をとりのぞくという意味です。

```
> acf(ar.fit1$resid[-1])
> acf(ar.fit2$resid[-1])
```

図 4-3 が得られた図です。どちらの残差のコレログラムにも目立って大きな自己相関は見当たりません。

今度は残差に対してさらに AR モデルを当てはめて、AIC による次数選択をさせてみます。

```
> ar(ar.fit1$resid[-1])$order
[1] 0
> ar(ar.fit2$resid[-1])$order
[1] 0
```

2 つの残差系列に対して AR の次数の選択をさせた場合、ともに 0 次であるという結果が出てきました。さらに Ljung-Box 検定[注1]を実行して自己相関の有無を計量的に調べてみます。

```
> Box.test(ar.fit1$resid[-1],type="L")
```

Series ar.fit1$resid[-1]

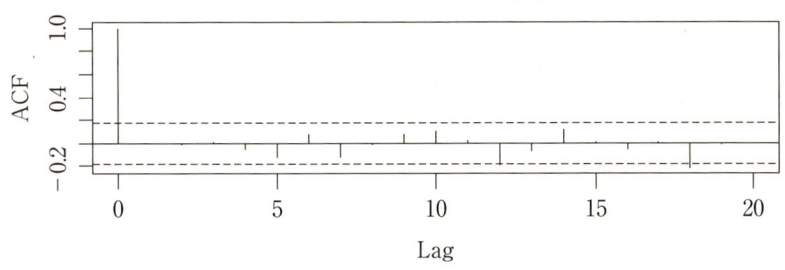

Series ar.fit2$resid[-1]

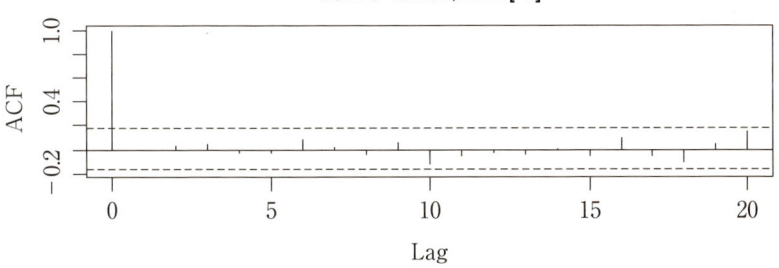

図4-3 残差のコレログラム

```
        Box-Ljung test

data:  ar.fit1$resid[-1]
X-squared=6e-04,df=1,p-value=0.9807
```

```
> Box.test(ar.fit2$resid[-1],type="L")
```

```
        Box-Ljung test

data:  ar.fit2$resid[-1]
X-squared=3e-04,df=1,p-value=0.9862
```

注1
日本ではLjungをリュングという英語風の発音で表記する人が多いですが、スウェーデン語に沿った発音であればLは発音しないので、どちらかと言えばユングのほうが近いと思います。Forvoのような発音サイトで確認するとよいでしょう。http://ja.forvo.com/word/ljung/

p値はともに0.9以上の値をつけていますので、「系列に自己相関はない」という帰無仮説を棄却できません。つまり、近鉄のモデル ar.fit1 と阪急阪神のモデル ar.fit2 の2つの残差そのものには時間的な依存構造はないと考えてよいでしょう。

②誤差分散（残差の2乗系列）を調べる

今度は誤差の分散を調べていきます。誤差の分散 $E(\varepsilon_t^2)$ が定数であるというホワイトノイズの仮定が成立するならば、ε_t^2 の実現値である残差の2乗の系列には時間的な依存構造は決して見られないはずです。これは先の残差の系列で平均を調べたときと同じ理屈です。それでは残差の系列と同様、残差の2乗の系列に対しても「コレログラム」、「ARの次数」、「Ljung-Box 検定の p 値」の3つの条件を調べてみましょう。

次の式を入力して残差の2乗系列のコレログラムを描きます。^記号はべき乗を計算するための記号です。ここでは^記号のあとに2が並んでいますから2乗を表しています。

```
> acf(ar.fit1$resid[-1]^2)
> acf(ar.fit2$resid[-1]^2)
```

図4-4が得られたコレログラムになります。近鉄に対するARの当てはめ残差のコレログラムには明らかに点線を超えている棒がいくつか立っていますから、いくつかの有意な自己相関が存在することを示唆しています。ゆえに、残差の分散は時間依存しているので、残差はホワイトノイズの仮定をみたしていない可能性が高いことになります。一方、阪急阪神に対する残差の2乗のコレログラムにはその特徴は見当たりません。

さらに近鉄と阪急阪神の日次収益率に対する AR モデルの当てはめ残差の2乗に対して、関数 ar を使って AR モデルを当てはめてみましょう。

まずは近鉄に対して当てはめてみます。

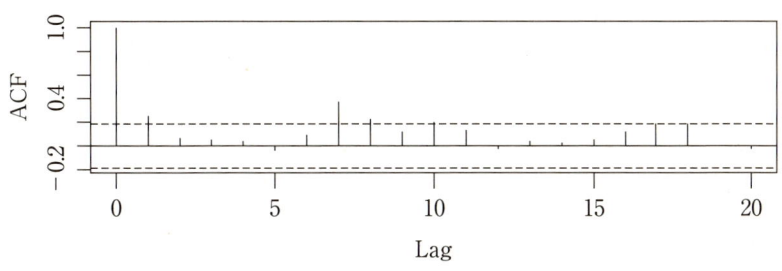

4-1 自己回帰モデルの当てはめ残差を調べる

Series ar.fit1$resid[-1]^2

Series ar.fit2$resid[-1]^2

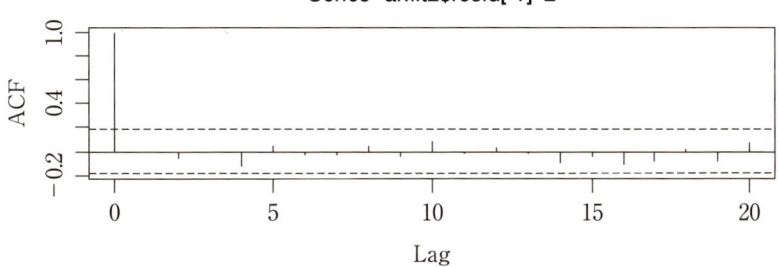

図 4-4 残差の2乗のコレログラム

```
> ar(ar.fit1$resid[-1]^2)
```

```
Call:
ar(x=ar.fit1$resid[-1]^2)

Coefficients:
     1       2       3       4       5       6       7
0.2189  0.0177  0.0183  0.0248 -0.0864  0.0370  0.3461

Order selected 7  sigma^2 estimated as  6.314
```

```
> ar(ar.fit2$resid[-1]^2)
```

```
Call:
ar(x=ar.fit2$resid[-1]^2)


Order selected 0   sigma^2 estimated as   3.52
```

AICによるARモデルの次数選択の結果もコレログラムと同様のことを示しています。阪急阪神の残差の2乗系列に対してはAR(0)という自己回帰構造のないモデルを選択していますが、近鉄の残差の2乗系列に対してはAR(7)モデルが選ばれているからです。つまり、近鉄の残差の2乗は、新たな誤差項をu_tとおけば、

$$\varepsilon_t^2 = 0.2189\varepsilon_{t-1} + 0.0177\varepsilon_{t-2} + 0.0183\varepsilon_{t-3} + 0.0248\varepsilon_{t-4} - 0.0864\varepsilon_{t-5} \\ + 0.0370\varepsilon_{t-6} + 0.3461\varepsilon_{t-7} + u_t$$

と表せることになります。そして、期待値Eを使って表現するならば

$$E(\varepsilon_t^2) = 0.2189\varepsilon_{t-1} + 0.0177\varepsilon_{t-2} + 0.0183\varepsilon_{t-3} + 0.0248\varepsilon_{t-4} \\ - 0.0864\varepsilon_{t-5} + 0.0370\varepsilon_{t-6} + 0.3461\varepsilon_{t-7} \quad (4.1)$$

となります。さらにLjung-Box検定を使って自己相関を調べてみます。

```
> Box.test(ar.fit1$resid[-1]^2,type="L")
```

```
        Box-Ljung test

data:   ar.fit1$resid[-1]^2
X-squared=7.541,df=1,p-value=0.006031
```

```
> Box.test(ar.fit2$resid[-1]^2,type="L")
```

```
        Box-Ljung test

data:   ar.fit2$resid[-1]^2
```

```
X-squared=0.0012,df=1,p-value=0.9724
```

阪急阪神の残差の2乗系列に対して Ljung-Box 検定を当てはめたとき p 値は約 0.97 となり「系列に自己相関はない」という帰無仮説は棄却できませんが、近鉄に対しては限りなく 0 に近い p 値をとっており、帰無仮説は棄却されてしまいました。やはり Ljung-Box 検定でも、近鉄に対する残差の 2 乗系列には自己相関という時間的な依存構造が存在することを示唆しています。

以上の残差系列および残差の 2 乗系列の分析から、

- 阪急阪神に対する AR(1) モデルの当てはめ残差はホワイトノイズと見なせそう[注2]。
- 近鉄に対する AR(1) モデルの当てはめ残差の 2 乗系列は時間依存（自己相関）しているため、残差の分散を定数と見ることができない。つまりホワイトノイズの仮定を満たしていない。

ということがわかります。

近鉄の日次収益率に対する AR(1) モデルの当てはめの例にみられるような時間依存している誤差の構造は、一般に**分散不均一性**（heteroskedasticity）と呼ばれています。もし近鉄の収益率を説明する正確なモデルを得ようとするならば、新たに分散不均一性を説明できるモデルを導入する必要があります。そのようなモデルとしては、**ARCH モデル**（AutoRegressive Conditional Heteroscedasticity Model）や **GARCH モデル**（Generalized ARCH Model）がよく使われます。ARCH モデルはロバート・エングルによって、GARCH モデルはエングルの弟子のティム・ボラスレフによって開発されました。次節ではこれらのモデル

注2
時間依存構造がないことはホワイトノイズであるための必要条件ですが、十分条件ではありません。

を利用して近鉄の収益率の系列に潜む分散不均一性を表現してみましょう。

データ分析のポイント

- 自己回帰モデルを当てはめたら、必ず残差がホワイトノイズになっているかを調べましょう。
- 残差の2乗に自己相関が表れた時は、次節で議論するARCH、GARCHモデルを当てはめましょう。

CHAPTER 4-2 ARCHモデルとGARCHモデル

　この節では先ほどの近鉄の日次収益率データに対して、分散不均一性を説明するモデルARCHモデルとGARCHモデルを当てはめ、データに対して素直な（矛盾のない）モデル化を目指します。ARCH(p)モデルとは時系列 r_t を次のように表現する統計モデルのことです。

$$r_t = \mu + \varepsilon_t$$
$$\varepsilon_t = \sigma_t \nu_t$$
$$\nu_t \sim N(0, 1)$$
$$E(\varepsilon_t^2) = \sigma_t^2 = \omega + \sum_{i=1}^{p} \alpha_i \varepsilon_{t-i}^2$$

通常 μ の部分は定数を表しますが、これまでに扱ってきた自己回帰モデルのような時系列モデルに取り換えてもかまいません。誤差項 ε_t は、標準正規分布に従う独立な確率変数 ν_t（しばしば**標準化残差**と呼ばれます）と σ_t の積で表されます。本章では時間変動する誤差項 ε_t の分散 $E(\varepsilon_t^2) = \sigma_t^2$ をボラティリティと呼び、時系列のばらつきやすさ（収益率ならば価格変動の激しさ）を示す指標として用いますので注意してください。最後の式では、t 時点のボラティリティは t 時点より過去のボラティリティの線形和になっています。これは現在のボラティリティが過去のボラティリティに時間依存している構造です。つまり定数項の ω の部分を除けば、まさに4-1節の式（4.1）と同じになります。GARCH(p,q)モデルは

$$r_t = \mu + \varepsilon_t$$
$$\varepsilon_t = \sigma_t \nu_t$$
$$\nu t \sim N(0,1)$$
$$E(\varepsilon_t^2) = \sigma_t^2 = \omega + \sum_{i=1}^{p} \alpha_i \varepsilon_{t-i}^2 + \sum_{j=1}^{q} \beta_j \sigma_{t-j}^2$$

と定義されます。最後の式を見てわかるように、GARCH(p,q) モデルのボラティリティの更新の式には、さらに $\sum_{j=1}^{q} \beta_j \sigma_{t-j}^2$ という過去のボラティリティの線形和が加わっています。つまり t 時点のボラティリティは過去の誤差の2乗と過去のボラティリティによって決定される構造になっています。

前節 4-1 で近鉄の日次収益率に当てはめた AR(1) モデルは、誤差項の推定値である残差の2乗が時間依存していたのでホワイトノイズの仮定を満たしていませんから、当てはめという点でいえば不十分なものでした。一方、式 (4.1) をみてわかるように残差の2乗に自己回帰構造があることはわかっていますので、同じ構造を持つ ARCH(p) モデルや GARCH(p,q) モデルを使ってモデルを当てはめ直すのはむしろ自然な解決方法と言えるでしょう。それでは実際に近鉄の日次収益率のデータに ARCH(p) モデル、GARCH(p,q) モデルを当てはめていきましょう。

ARCH や GARCH モデルの当てはめに使える関数は R の標準的な関数として用意されていませんから、新たに専用のパッケージを導入する必要があります。パッケージの導入方法は3章を参照していただくこととして、ここでは fGarch と呼ばれるパッケージが導入済みであるという前提で話を進めていきます。パッケージ fGarch は関数 library を使うことで R にロードできます。

```
> library(fGarch)
```

パッケージがロード出来たら、今度は ARCH、GARCH モデルの当

てはめを関数 garchFit で行います。先の近鉄のデータに対する ARCH、GARCH モデルの当てはめには、

- 前節で推定した AR(1) の残差に対して当てはめる方法。いわゆる 2 段階推定
- ARCH、GARCH モデルの μ の部分に AR(1) モデルを仮定し、ARCH、GARCH モデルと同時に AR の係数を推定する方法。いわゆる同時推定

の 2 つの方法が考えられます。前節の分析では「誤差項はホワイトノイズに従う」という誤った仮定のもとで AR(1) モデルを当てはめたので、その結果は捨てたほうが賢明でしょう。ですから本節では 2 つ目の同時推定の方法で「① AR(1) と ARCH(1) を組み合わせたモデル」と「② AR(1) と GARCH(1,1) を組み合わせたモデル」の 2 つを当てはめて、近鉄のデータに潜む分散不均一性を表現してみたいと思います。

① AR(1) + ARCH モデルの当てはめ

ここでは次のような AR(1) + ARCH(1) モデルを近鉄の日次収益率のデータに当てはめていきます。

$$r_t = \mu + \phi_1 r_{t-1} + \varepsilon_t$$
$$\varepsilon_t = \sigma_t v_t$$
$$v_t \sim N(0,1)$$
$$E(\varepsilon_t^2) = \sigma_t^2 = \omega + \alpha_1 \varepsilon_{t-1}^2$$

R Console に以下のコマンドを入力してください。

```
> arch.fit1=garchFit(~arma(1,0)+garch(1,0),data=data.log.return$x9041,trace=F)
> arch.fit1
```

```
Title:
 GARCH Modelling

Call:
 garchFit(formula=~arma(1,0)+garch(1,0),data=data.log.return$x9041,trace=F)

Mean and Variance Equation:
 data~arma(1,0)+garch(1,0)
 <environment: 0x00000000067e5dd0>
 [data=data.log.return$x9041]

Conditional Distribution:
 norm

Coefficient(s):
        mu        ar1      omega     alpha1
 0.2365270 -0.0022778  1.1195896  0.3053496

Std.Errors:
 based on Hessian

Error Analysis:
         Estimate  Std.Error  t value Pr(>|t|)
mu       0.236527   0.107295    2.204   0.0275 *
ar1     -0.002278   0.116571   -0.020   0.9844
omega    1.119590   0.206116    5.432 5.58e-08 ***
alpha1   0.305350   0.159451    1.915   0.0555 .
---
Signif.codes:  0 '***' 0.001 '**' 0.01 '*' 0.05 '.' 0.1 ' ' 1

Log Likelihood:
 -194.0714    normalized:  -1.617261
```

garchFit ではモデルの指定を"~arma(m,n)+garch(p,q)"という表記で行います。たとえば AR(m) モデルは arma(m,0), ARCH(p) モデルは garch(p,0)、GARCH(p,q) モデルは garch(p,q) と指定します。arma という表記は次の **ARMA**(Auto Regressive Moving average、自己回帰移動平均) **モデル**を表しています。

4-2 ARCH モデルと GARCH モデル

$$r_t = c + \sum_{i=1}^{m} \phi_i r_{t-i} + \sum_{j=0}^{n} \varphi_j \varepsilon_{t-j}$$

$$\varphi_0 = 1$$

ここで各時点の ε_t はホワイトノイズに従っています。式を見てわかるように、ARMA モデルは現在の値が過去の値および過去の誤差の両方から影響を受ける構造になっていることがわかります。なお、関数 garchFit のモデル指定において、arma という表記を取り除き "~garch (p,q)" のように指定すれば、ARMA モデル部分の構造を取り除いた本来の GARCH モデルの推定が可能になります。

ARCH や GARCH モデルの当てはめにおいて、その長さを判断するための重要なチェックポイントは次の 2 点になります。

> **データ分析のポイント**
>
> ARCH、GARCH モデルがよく当てはまっているかの判断基準
> - 推定した係数の信頼度が高いこと。つまり係数についての仮説検定の p 値が小さい。自然科学のデータでよく用いられる有意水準 5% で考えるのであれば、p 値は 0.05 以下、経済系のデータでよく用いられる有意水準 10% で考えるのであれば p 値は 0.1 以下であること。
> - 推定した標準化残差 ν_t が、仮定した分布（通常は標準正規分布）に従っていること。

この 2 点を満たしていればモデルの当てはめはおおむね成功といえます。それではこの基準に照らして先の当てはめ結果を解釈していきましょう。

[推定されたモデルと係数の解釈]

先の出力結果を見てわかるように関数 garchFit による出力は複雑ですが、主な推定結果は Error Analysis という箇所にまとめられています（ここではわかりやすいように色つきにしています）。Estimate は係

数の推定値、Std.Error は標準誤差、t value は t 値、Pr(>|t|) は p 値を表しています。mu、ar1、omega、alpha1 はそれぞれ μ、ϕ_1、ω、α_1 を表しています。

　出力結果からわかるように AR(1) + ARCH(1) モデルを当てはめた結果は

$$r_t = 0.2365270 - 0.0022778 r_{t-1} + \varepsilon_t$$
$$\varepsilon_t = \sigma_t v_t$$
$$v_t \sim N(0,1)$$
$$E(\varepsilon_t^2) = \sigma_t^2 = 1.1195896 + 0.3053496 \varepsilon_{t-1}^2$$

となりました。なお、各係数の信頼度を調べる際はp値を見てください。0.05 未満であれば有意水準 5％で「係数が 0 である」という帰無仮説が棄却されますし、0.01 未満であれば有意水準 1％で帰無仮説が棄却されます。つまり、設定した有意水準よりも p 値が下回れば、推定した係数は統計的に意味のある数字ということになります。ちなみに、係数が有意なときには Error Analysis の表の一番右に *, **, *** といった印がつきます。これらの印の意味については、表の下部にある Signif. Codes のところに書いてありますので参考にしてください。今回の分析では、Error Analysis の結果をみてもわかるように係数 ϕ_1 以外は有意水準 10％で意味のある値だということがわかります。言い換えれば、推定したモデルにおいては AR(1) 部分以外は信頼できるということです。

　今度は推定したボラティリティを図示してみましょう。次の式を入力してください。

```
> plot(Date[-1],arch.fit1@sigma.t^2,type="l",xlab="Date",ylab="Volatility")
```

図 4-5 は推定したボラティリティの変化を示した図です。横軸の 11、1、3 は 2012 年 11 月、2013 年 1 月、3 月に対応しています。図を見てわかるように、12 月下旬の政権交代以前は低かったボラティリティが、交

4-2 ARCHモデルとGARCHモデル

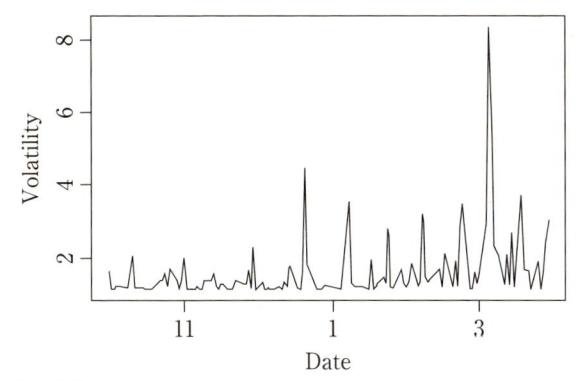

図 4-5 ボラティリティの変化

代以後はしばしば急激な上昇を見せています。政権交代が近鉄に一定の影響をあたえると市場が判断したためにその影響が株式の価格変動に織り込まれ、ボラティリティが上昇したものと思われます。このような推測ができるのも、分散不均一性を考慮したモデルを使った効果と言えるでしょう。

[標準化残差 ν_t の評価]

今度は推定した v_t を調べてみます。もし AR(1) + ARCH(1) モデルがよくあてはまっているのならば、推定した標準化残差 v_t はモデルの仮定どおり標準正規分布に従っているはずです。それでは推定した v_t に対して正規 QQ プロットを描いてみましょう。

```
> qqnorm(arch.fit1@residuals/arch.fit1@sigma.t)
> abline(0,1)
```

図 4-6 のようなプロットが得られたはずです。QQ プロットとは、簡単に言えば理論値 u と実際の値 v を組にした点 (u,v) をプロットした散布図のことです。ですから、横軸、縦軸を x 軸、y 軸とすれば、実際の値が理論値に近いほど、$y=x$ の直線上に点が集まってくることにな

Normal Q-Q Plot

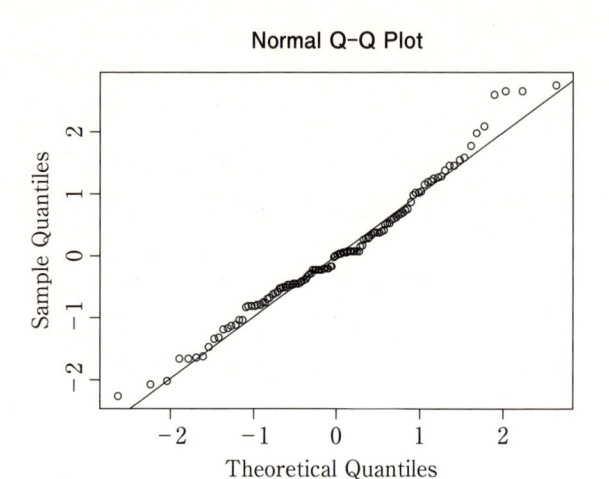

図4-6 AR(1)＋ARCH(1)の標準化残差 v_t のQQプロット

ります。ちなみに先のコマンドの abline(0,1) は $y=x$ の直線をグラフ上に書き込む入力式です。実際の図を見てみると端に近づくにつれてかなり直線から外れるようになっていますから、正規分布よりは少し歪んでいるように見えます。

この図だけで正規性はほとんどないといってもよさそうですが、念のため有意水準10%としてShapiro-Wilkの正規性検定を実行しましょう。ちなみに、この検定の帰無仮説は「標本は正規分布している」です。

```
> shapiro.test(arch.fit1@residuals/arch.fit1@sigma.t)
```

```
Shapiro-Wilk normality test

data:  arch.fit1@residuals/arch.fit1@sigma.t
W=0.9785,p-value=0.05194
```

p-valueの部分はShapiro-Wilk検定のp値を示しています。分析の結果、p値は0.05強ですから、v_t の推定値が正規分布している帰無仮説は設定した有意水準10%で棄却されますので、QQプロットでの予想通り正

規性はなさそうです。

② AR(1)＋GARCH(1,1)を当てはめ

AR(1) + ARCH(1) の当てはめでは、標準化残差の正規性を満たさなかったので、当てはめとしては不十分でした。そこで今度は ARCH 部分を GARCH に変え、AR(1) + GARCH(1,1) として当てはめてみましょう。

```
> arch.fit2=garchFit(~arma(1,0)+garch(1,1),data=data.log.return$x9041,trace=F)
> arch.fit2
```

```
Title:
 GARCH Modelling

Call:
 garchFit(formula=~arma(1,0)+garch(1,1),data=data.log.return$x9041,trace=F)

Mean and Variance Equation:
 data~arma(1,0)+garch(1,1)
 <environment: 0x0000000024dd6148>
 [data=data.log.return$x9041]

Conditional Distribution:
 norm

Coefficient(s):
       mu       ar1    omega   alpha1    beta1
 0.243296  0.146475  0.029693  0.079389  0.914535

Std.Errors:
 based on Hessian

Error Analysis:
         Estimate  Std.Error  t value  Pr(>|t|)
 mu       0.24330    0.10631    2.289    0.0221 *
 ar1      0.14648    0.09513    1.540    0.1236
 omega    0.02969    0.05160    0.575    0.5650
 alpha1   0.07939    0.04753    1.670    0.0949 .
 beta1    0.91454    0.06835   13.381   <2e-16 ***
 ---
```

```
Signif.codes:  0'***'0.001'**'0.01'*'0.05'.'0.1' '1
Log Likelihood:
 -191.9937    normalized:  -1.599948
```

[推定されたモデルと係数の解釈]

　係数の部分に注目します。Error Analysis: の部分の mu、ar1、omega、alpha1、beta1 はそれぞれ AR(1) + GARCH(1,1) の μ、ϕ_1、ω、α_1、β_1 に対応しています。推定されるモデルは

$$r_t = 0.24330 - 0.14648 r_{t-1} + \varepsilon_t$$
$$\varepsilon_t = \sigma_t \nu_t$$
$$\nu_t \sim N(0,1)$$
$$E(\varepsilon_t^2) = \sigma_t^2 = 0.02969 + 0.0739 \varepsilon_{t-1}^2 + 0.91454 \sigma_{t-1}^2$$

となりました。単純に星（*）の数だけを見ると AR(1) + ARCH(1) の係数の推定よりも少し悪くなっているように見えます。ただし、alpha1 と beta1 の p 値はどちらも 0.1 に非常に近い数字ですから、有意でないか否かは判断に迷うところです。また、omega の p 値は非常に大きいですが、定数項なので推定値を 0 と考えれば問題ではありません。以上のことを総合すると、係数の有意性という意味では可もなく不可もなくといったところです。

[標準化残差 ν_t の評価]

　もう 1 つの当てはめ基準である標準化残差の推定値を調べましょう。まずは QQ プロットを描いてみます。

```
> qqnorm(arch.fit2@residuals/arch.fit2@sigma.t)
> abline(0,1)
```

　図 4-7 は AR(1) + GARCH(1,1) の標準化残差の推定値の QQ プロットになります。図 4-6 とそれほど変わらないように見えますので、適合

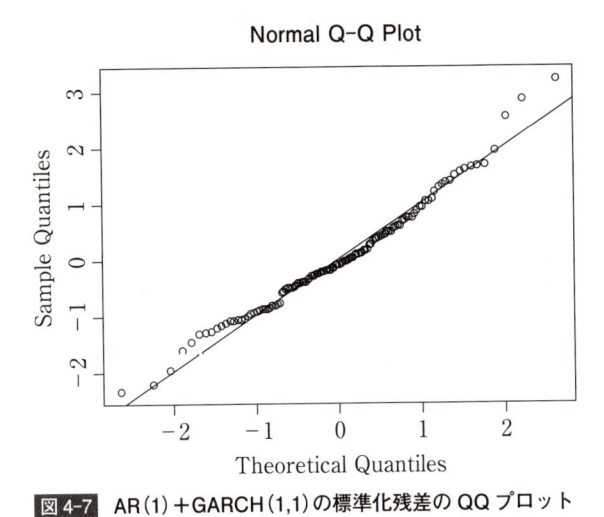

4-2 ARCHモデルとGARCHモデル

図 4-7 AR(1)＋GARCH(1,1)の標準化残差のQQプロット

度についてはAR(1)＋ARCH(1)と比べてもほとんど差がないようです。

```
> shapiro.test(arch.fit2@residuals/arch.fit2@sigma.t)
```

```
        Shapiro-Wilk normality test

data:  arch.fit2@residuals/arch.fit2@sigma.t
W=0.9792,p-value=0.05981
```

実際、Shapiro-Wilkの正規性の検定の結果でもp値は小さく、有意水準10%で「正規分布する」という帰無仮説が棄却されますので、やはり推定した標準化残差の正規性は疑わしいでしょう。

このようにAR(1)＋ARCH(1)やAR(1)＋GARCH(1,1)モデルの当てはめでは、どちらも「推定した標準化残差が標準正規分布にしたがう」という基準を満たしませんでした。つまり、近鉄の日次収益率のモデル化は、現段階では不十分ということになります。

CHAPTER 4-3 非正規な標準化残差をもつ GARCH
― skew normal 分布を例に―

ARCH や GARCH モデルでは標準化残差 ν_t として標準正規分布を想定していますが、図 4-6 や図 4-7 の QQ プロットをみてもわかるように今回の近鉄の日次収益率のデータにはうまくフィットしていないようです。そこで本節では当てはまりの悪かった標準化残差に工夫を凝らして、近鉄の日次収益率のデータを上手に説明する時系列モデルを作りたいと思います。

まずは、4-2 節で作った arch.fit1 を用いて、推定した標準化残差が標準正規分布の理論値からどの程度ずれているか調べてみましょう。手順ですが、関数 density を使って標本（ここでは推定した標準化残差）から密度関数を推定し、関数 plot でグラフ化することにします。そして、標準正規分布の密度関数を重ね描きしてどの程度ずれているかを視覚的に確認したいと思います。

```
> plot(density(arch.fit1@residuals/arch.fit1@sigma.t),main="Density")
> lines(-300:300/100,dnorm(-300:300/100,0,1),lty=2,col=2)
```

上記のコマンドを正しく入力すると、図 4-8 が得られます。実線はデータから推定した名称不明の確率分布の密度関数であり、赤字の点線が標準正規分布の密度関数になります。データから推定した密度関数は標準正規分布よりも少し右側が歪み左側に偏っているように見えます。どうもこの歪み、偏りが AR(1) + ARCH(1) の当てはめを悪くしている原因のようです。もし、この歪みが解消できればモデルの近似精度は明らかに向上します。そのためには標準化残差の従う分布を取り換えるか、GARCH モデルの構造自身に手を入れる必要があるでしょう。本節では前者の方法を用いて歪みを解決することを試みます（なお、後者の方法

4-3 非正規な標準化残差をもつ GARCH — skew normal 分布を例に —

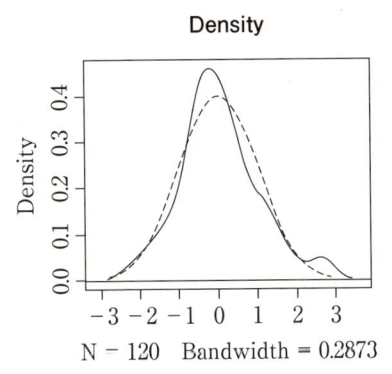

図 4-8 密度関数の推定

については131ページ（発展的な内容2）に簡単な解説を載せています）。

標準化残差の分布を標準正規分布から他の確率分布に取りかえるわけですが、ここでは正規分布を左右に歪ませた分布である skew normal 分布が有力な候補になるでしょう。たとえば、標準正規分布と歪みを示すパラメータに 1.23 を与えた skew normal 分布を比較しましょう。図 4-9 の左の黒の点線は標準正規分布、右の黒の点線は skew normal 分布になります。あきらかに skew normal 分布の密度関数の方が、実データから推定した密度関数に似ています。

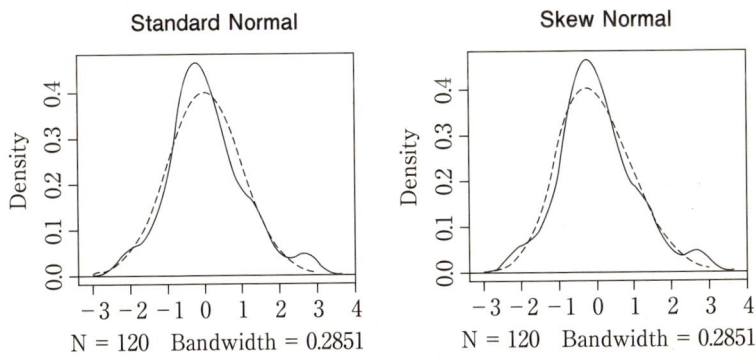

図 4-9 推定した密度関数（黒点線）と正規分布（左黒線）、skew normal 分布（右黒線）

それでは skew normal 分布について簡単に説明しましょう。skew

normal 分布は次のような密度関数を持ちます。

$$f(x) = \frac{1}{\omega\pi}\exp\left[-\frac{(x-\xi)^2}{2\omega^2}\right]\int_{-\infty}^{\alpha\left(\frac{x-\xi}{\omega}\right)}\exp\left[\frac{-t^2}{2}\right]dt, \ -\infty < x < \infty$$

ここでξはロケーション（位置）、ωはスケール（大きさ）、αはシェイプ（歪み具合）を示すパラメータになります。積分の前にかかっている指数関数の部分は正規分布の密度関数の指数関数と大変よく似ていますので、積分の部分が密度関数のひずみ具合を作り出しています。式を見る限りはとても特殊な形をしているのでその扱いは厄介そうに見えますが、fGarch パッケージには skew normal 分布のための関数が標準的に組み込まれているので、関数 garchFit の cond.dist という引数に"snorm"という値を指定することで標準化残差の分布として容易に使うことができます。

```
> arch.fit3=garchFit(~garch(1,0),data=data.log.return$x9041,cond.dist="snorm",
trace=F)
> arch.fit3
```

```
Title:
 GARCH Modelling

Call:
 garchFit(formula=~garch(1,0),data=data.log.return$x9041,
    cond.dist="snorm",trace=F)

Mean and Variance Equation:
 data ~ garch(1,0)
<environment:0x00000000294d2b68>
 [data=data.log.return$x9041]

Conditional Distribution:
 snorm

Coefficient(s):
     mu    omega   alpha1    skew
 0.24466  1.12865  0.27731  1.22818
```

```
Std. Errors:
 based on Hessian

Error Analysis:
        Estimate  Std. Error  t value  Pr(>|t|)
mu      0.2447    0.1047      2.337    0.0194 *
omega   1.1286    0.2033      5.551    2.84e-08 ***
alpha1  0.2773    0.1454      1.907    0.0566 .
skew    1.2282    0.1442      8.519    <2e-16 ***
---
Signif.codes: 0 '***' 0.001 '**' 0.01 '*' 0.05 '.' 0.1 ' ' 1

Log Likelihood:
 -193.1166    normalized:  -1.609305
```

[得られたモデルと係数の解釈]

　Skew normal 分布を使った ARCH(1) のあてはめの結果、得られたモデルは次の通りになります。

$$r_t = 0.2447 + \varepsilon_t$$
$$\varepsilon_t = \sigma_t \nu_t$$
$$\nu_t \sim Skew\ Normal(0, 1, 1.2282)$$
$$E(\varepsilon_t^2) = \sigma_t^2 = 1.1286 + 0.2773\varepsilon_{t-1}^2$$

　ここで、*Skew Normal* は skew normal 分布を表し、括弧の中の 0, 1, 1.2282 はそれぞれロケーション、スケール、シェイプのパラメータの値を示しています。Error Analysis の部分を見てもわかりますように、どの係数も有意水準 10% で 0 でない数であるという結果が出ています。つまり、このモデルではすべての係数に意味があるということになりました。

[標準化残差の解釈]

　QQ プロットを描いて、標準化残差の skew normal 分布への適合度を調べてみましょう。R には skew normal 分布のための QQ プロット関数がないので、lattice パッケージに用意されている汎用の QQ プロット

関数である qqmath を利用することにします。以下のコマンドを入力してください。

```
> library(lattice)
> qqmath(~arch.fit3@residuals/arch.fit3@sigma.t,distribution=function(p){qsnorm
(p,xi= 1.2282)},
> abline=c(0,1),xlab="theoretical",ylab="sample")
```

qqmath の第 1 引数はデータです。ここでは推定した標準化残差を指定しています。その際、チルダ"〜"を先頭につけることを忘れないでください。第 2 引数の distribution では確率点を返す関数を指定します。通常は関数名をそのまま指定しますが、ここでは歪みを示すパラメータ xi に先の GARCH の推定で明らかになった skew の値 1.2432 を指定する必要があるので、function という関数宣言を用いて qsnorm のパラメータ xi に 1.2432 という値を渡しています。なお、ここで指定している関数 qsnorm は fGarch パッケージに含まれている関数で、skew normal 分布の確率点を返します。図 4-10 は関数 qqmath で作った QQ プロットです。図 4-6 と比べればわかるように、かなりの部分が直線の上にのるようになりました。

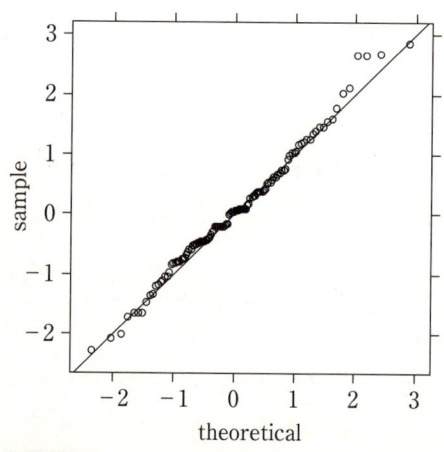

図 4-10 skew normal 分布の QQ プロット

4-3 非正規な標準化残差をもつ GARCH — skew normal 分布を例に—

　次に統計的仮説検定を使い計量的な方法で分布の適合度を測りましょう。正規分布の場合は Shapiro-Wilk 検定のような専用の仮説検定がありましたが、skew normal 分布のための仮説検定はありません。そこで本節では、汎用的な適合度検定である **Kolmogorov-Smirnov 検定**を使って適合度を測ります。

　Kolmogorov-Smirnov 検定は 2 つの母集団の確率分布が等しいか否かを、標本から経験分布関数を作りそれを比較して調べる道具です。この検定の帰無仮説は「2 つの母集団の確率分布は等しい」になります。そして、片方の母集団の代わりに理論値を使うことで 1 つの母集団の特定の分布に対する適合度を測ることもできます。

```
> ks.test(arch.fit3@residuals/arch.fit3@sigma.t,"psnorm",xi=1.2282)
```

```
        One-sample Kolmogorov-Smirnov test

data:   arch.fit3@residuals/arch.fit3@sigma.t
D=0.0623,p-value=0.7393
alternative hypothesis:two-sided
```

　上の検定の結果をみると p-value = 0.7393 とあります。これは Kolmogorov-Smirnov 検定をした結果の p 値が 0.7393 ということです。つまり、帰無仮説「標準化残差は skew normal 分布に従っている」は棄却できないということを意味しています。QQ プロットのあてはまり具合をみても、おおよそほぼ直線上に乗っていると言えるので、標準化残差の skew normal 分布への適合具合には問題はないと結論付けてよいでしょう。

　以上の結果を見てわかるように係数の信頼度や標準化残差のあてはまり具合ともに良好ですから、確率分布を標準正規分布から skew normal 分布に取り換えて ARCH(1) を当てはめるモデリングは成功したと言えるでしょう。

> **結論**
> 目的の期間の近鉄の日次収益率は、歪んだ確率分布である skew normal 分布を標準化残差に用いた ARCH(1) で十分近似可能。

データ分析のポイント

- ARCH モデルや GARCH モデルを当てはめた時は、係数の有意性だけでなく、推定した標準化残差が標準正規分布に従っているか否か、QQ プロットや Shapiro-Wilk 検定を用いて調べましょう。
- もし推定した標準化残差が標準正規分布に従っていないときは、他の分布を仮定してモデルを当てはめ直すとよいでしょう。
- 正規分布以外の分布の適合度を、統計的仮説検定を用いて調べるときは、Kolmogorov-Smirnov 検定を用いるとよいでしょう。

（発展的な内容 1）さらによい精度のモデルを得るためには skew normal 分布を使った GARCH (1,1) モデルやもっと次数の多い ARCH や GARCH を試すことも重要です。ですが、当てはまりがよいモデルがいくつも得られると、今度はどのモデルを採用すればよいか迷ってしまいます。その時は 3-3 や 4-1 で出てきた AIC のような情報量規準を使うとよいでしょう。情報量規準はモデルの当てはめを比較するための値で、値が小さいほどよいモデルということを示しています。本章で使った関数 garchFit は自動的に AIC、BIC、SIC、HQIC の 4 つ情報量規準を計算してくれます。たとえば、本節で作った arch.fit3 の場合、arch.fit3@fit$ics と入力すれば 4 種類の情報量が取り出せます。なお、情報量規準を使ってモデルを比較するときは、同一の基準、たとえば AIC ならば、各モデルの AIC の値同士を比較してください。異なった情報量規準の値でモデルを比較することは無意味です。

4-3 非正規な標準化残差をもつGARCH — skew normal 分布を例に —

（発展的な内容2）本節の冒頭で述べたように、標準化残差 ν_t の分布は標準正規分布のままにして、モデル自身の構造に手を入れることで標準化残差の歪みや偏りを解消する方法も考えられます。たとえば、GJRモデルやEGARCHモデルなどが開発されています。これらのモデルも以前のRであれば、fGarchパッケージのgarchOXFitという関数で推定できたのですが、現在はfGarchパッケージから当該関数が切り離されてしまい、有料のG@RCHという商用製品になっています。いくら手法を紹介しても、実際にRで推定できない（もちろんG@RCHを購入すれば別ですが）のであれば本書の目的には合致しませんので、これらの非対称GARCHモデルの当てはめについては割愛することにします。実際、多くのケースでは先のように標準化残差を非正規化することでモデルの適合度を上昇させることができますので、本書で紹介した道具だけでもかなりの仕事ができるでしょう。もし標準化残差を非正規化することが問題になるケースがあったとしても（著者はそのようなケースをまだ知りませんが）、Rには十分な機能が備わっているので、参考文献［4］などを読めばGJRやEGARCHをRの関数として実装することも可能です。

CHAPTER 4-4 シミュレーション
―リスク指標 VaR を測る―

　本節では、4-3 までの分析で得られた時系列モデルの活用例を紹介します。いろいろな活用方法が考えられますが、ここでは昨今の金融危機などでもその重要性が叫ばれているリスク計測に焦点を当てたいと思います。

　ご存知のように株式の価格は市場の取引に応じて変動します。現時点では 1000 円の株式でも、1 年後は 1100 円に上昇しているかも知れませんし、900 円に下落しているかも知れません。はたまた、倒産して 0 円ということも考えられます。このように株式は将来の価格変動に対してリスクを持つ資産ですが、もし 1 年後の株式価値の分布がなんらかの方法で作成できたとすれば、投資家はどの程度の利益や損失が見込めるかおおよその検討がつけられますので、投資判断がしやすくなります。

　このような投資リスク（一般には**市場リスク**と呼ばれます）を管理するフレームワークの1つに **VaR**（Value at Risk）によるリスク計量法があります。VaR とは端的に言うと「あるリスク資産に投資した投資家が、将来の期間内において、ある一定の確率のもとで被る損失額の最大値」のことです。たとえば 99％ の確率で起きる可能性のある損失額のうち最大のものを「**信頼水準 99％ の VaR**」とよび VaR_{99} と表します。これは図 4-11 のような連続型の損益分布が得られているならば、その下側 1％ 点のことにほかなりません。ただし、VaR は損失額なので符号が損益分布での値が負ならば、その符号を取って正の値で表現しますので注意しましょう。また、似たような概念として**期待ショートフォール** ES_α がありますが、これは VaR_α を上回る損失が発生したときの、平均の損失です。言い換えれば、めったに起きないような大きな損失が発生した場合、どの程度の損失が見込まれるかという値です。

4-4 シミュレーション―リスク指標 VaR を測る―

損益分布

VaR$_{99}$（下側1％点）
← 損失　　利益 →
損益

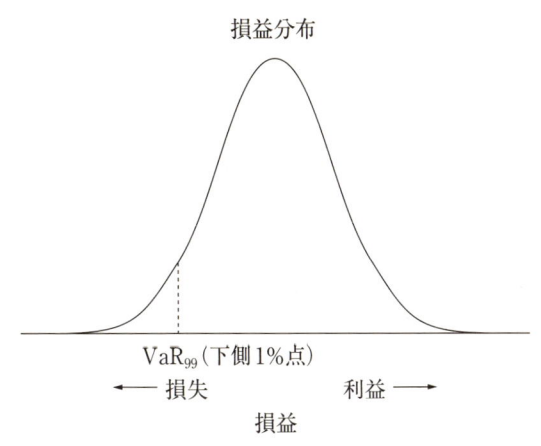

図 4-11 損益分布と VaR

　VaR の計算方法はいくつかありますが、本書では最もよく使われる方法の1つである**モンテカルロ法**を取り上げます。モンテカルロ法による VaR の計測手順は次の通りです。

1. 対象とする資産価格の変動を表す時系列モデルを構築する。ただし、時系列モデルは確率的な誤差項を含む統計的なモデルとする。
2. 初期値と誤差項にしたがう乱数を用意し、それをモデルに代入することで将来の資産価格の変動をシミュレートする。
3. シミュレーションに従って期間中の価格変化を計算し、最終的な損益の値を求め、それを保存する。
4. 2. から 3. の流れを繰り返して、シミュレーションに基づく十分な数の損益データを取得する。
5. 最終的な損益データをソートして、VaR を計算する。たとえば、1000 個の損益データが得られたならば、信頼水準 99％ の VaR は下から数えて 11 番目の値がそれに対応する。

　それでは実例として、4-3 節で得られた近鉄の株式の日次収益率のモ

デル arch.fit3 を用いて1万回シミュレーションを実行し、期間10日間における信頼水準99％の VaR を測ってみます。なお fGarch パッケージにはシミュレーション用の関数 garchSim がありますので、本書ではそれを使ったシミュレーションを実行します。次の式は入力の式です。計算時間が長いので注意してください[注3]。

```
> spec=garchSpec(model=list(mu=arch.fit3@fit$coef[1],omega=arch.fit3@fit$coef[2],
  alpha=arch.fit3@fit$coef[3],beta=0,skew=arch.fit3@fit$coef[4]),cond.dist=c("snorm"))
> PL=NULL;Price=data.price$x9041[121]
> for(i in 1:10000){PL[i]=Price*exp(sum(garchSim(spec,10))/100)}}
> PL=PL-Price
```

上の入力式を説明します。関数 garchSpec は、シミュレーションをするモデルを構築するための関数です。引数 model でリストオブジェクトによるモデルを指定します。arch.fit3@fit$coef にはモデルの係数が入っているので、mu、ar、omega、alpha のところで ARCH(1) モデルの μ、ϕ_1、ω、α_1 を指定しています。skew は skew normal 分布のシェイプパラメータです。標準化残差の確率分布の指定は cond.dist で行い、この例では skew normal を意味する文字列 "snorm" が入っています。詳しくは help（garchSpec）と入力し、関数のヘルプを参照してください。最後から2番目の for 文ではシュミレーションを1万回繰り返しています。データは対数差収益率ですので、株価では $S_{t+1} = S_t \exp(r_{t+1})$ が成立することから、10日後の価格は $S_{t+10} = S_t \exp\left(\sum_{i=1}^{10} r_{t+i}\right)$ となります（つまり、損益は $S_{t+10} - S_t = S_t \exp\left(\sum_{i=1}^{10} r_{t+i}\right) - S_t$ となります）。この計算を for ループの中で実行し、計算した S_{t+10} の値を PL というベク

注3
R のようなインタプリタ言語で回数の多いループを回すと、C や C++ のようなコンパイル言語のそれと比べて計算時間がとても長くなります。著者のノート PC（CPU Core i-7 2.8GHz）では、140秒ほどかかっています。R でも効率よく繰り返し計算をさせる方法はありますが、本書ではソースコードの可読性を優先しました。

トルの要素として順に代入しています。最後の式ではPL全体から始値S_tを引いていますので、PLはシミュレーションに基づく損益データそのものになります。

図4-12は得られたPLから作った損益データのヒストグラムであり、いわゆる近鉄の株の損益分布の推定値です。VaR_{99}は、損益データPLを昇順でソートして、下から101番目の値になります。そしてES_{99}は昇順ソートしたデータの1番目から100番目までの平均です。この2つの値の場合、Rへの入力式は、-sort(PL)[101]、mean(-sort(PL)[1：100])となります。他にも、最大損失や最大収益は、-min(PL)やmax(PL)と入力することで求まります。なお、PLは厳密に言えば収益データであり損失はマイナスの収益となっていますので、計算では式にマイナスの符号をつけています。ちなみ今回著者が実行したシミュレーションではVaR_{99} = 27.54742となりました。仮に最小単位の1000株買ったとすれば、信頼水準99％の最大損失は27547円になります。なお、皆さんが上記のコマンドで実際にシミュレーションすると似たようなVaR_{99}の値は得られるものの、本書の値とは一致はしないでしょう。なぜなら、このシミュレーションは乱数実験だからです。値が違ったからといって、必ずしも入力ミスというわけではありませんので注意してく

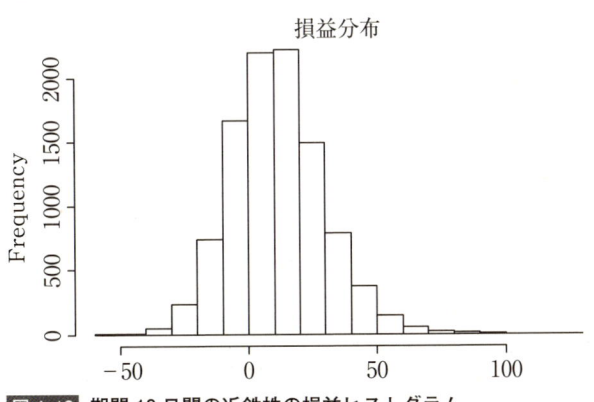

図4-12 期間10日間の近鉄株の損益ヒストグラム

ださい。

> **データ分析のポイント**
> - 当てはまりのよい時系列モデルが得られれば、精緻なシミュレーションができます。そして、将来の損益分布の予測やそれを活用したリスク計量が可能になります。
> - 損益分布が得られれば、VaR や期待ショートフォールのようなリスク指標は簡単に計算できます。

CHAPTER 5

第5章

【実践編】
時系列分析の投資への応用

第5章のポイント

- [ ] 収益率の相関関係は必ずしも価格には反映しない
- [ ] 単位根過程と見せかけの回帰の関係
- [ ] 単位根過程と共和分の関係を実際の投資へ応用する
- [ ] クラスタリングの活用

CHAPTER 5-1 収益率という2次データ

　私たちはテレビのニュースやインターネットを通して日々の金融情報を得ることができます。たとえば典型的な金融情報として現在の株価、前日終値との価格差、前日からの騰落率（いわゆる収益率）などを得ることができます。そして、多くの場合、図5-1のような価格の時系列図をつけて視聴者に価格の全体的な動きの理解を促しています。以下の図は（株）QUICK が提供している Astra Manager が表示する時系列図です。1-3で紹介したマツダの株価の時系列が表示されています。

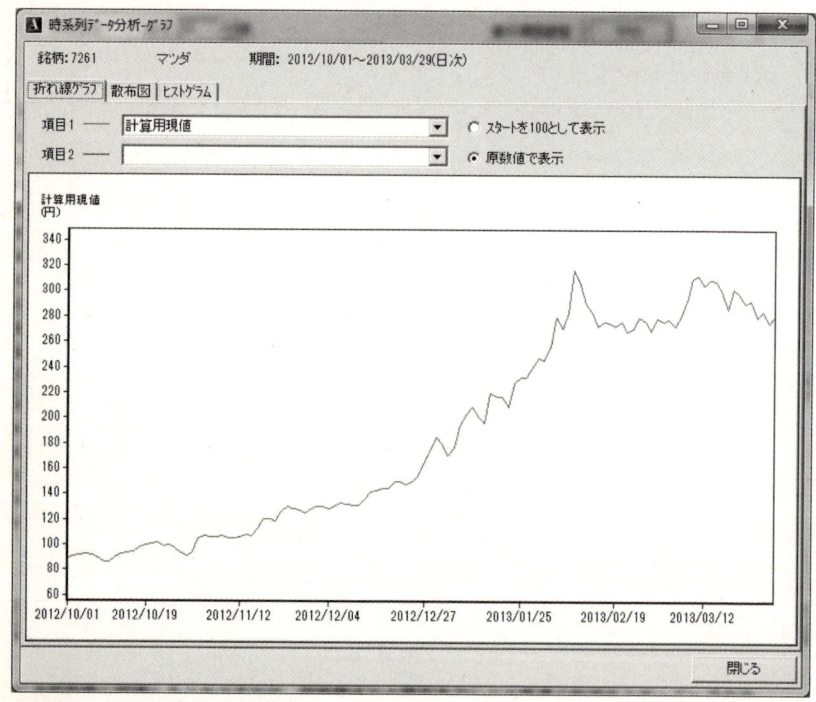

図5-1 マツダの株価の時系列図

当該証券に投資した人にとっては、投資時点から現在までにどの程度の利益が上がっているかということが最大の関心事になります。それゆえ、金融情報を眺めるユーザーにとっては、価格系列の動きを理解することが最重要の目的となります。ですから、データベンダーが提供するソフトウェアやテレビの経済ニュース等で、図 5-1 のような時系列図が表示されるのはごく当たり前のことと言えるでしょう。しかしながら、ユーザーにとって必要な情報が価格にもかかわらず、これまで見てきたようにファイナンス時系列のモデリングでは、定常性の仮定をおきやすい収益率データによるモデル化を行っています。このことは場合によっては大きな誤解を生み出します。たとえば次の 2 つの収益率の系列 sample1、sample2 を考えます。

```
> par(mfcol=c(2,1))
> plot(sample1,type="l")
> plot(sample2,type="l")
```

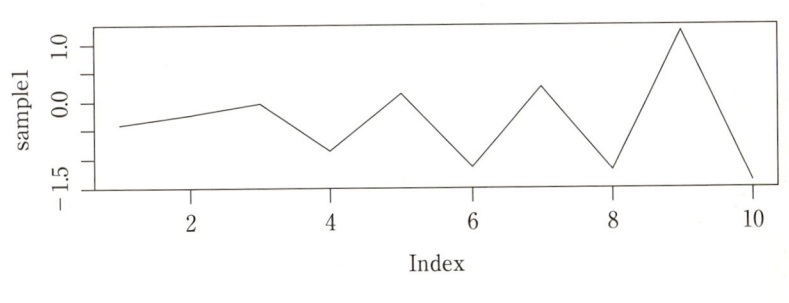

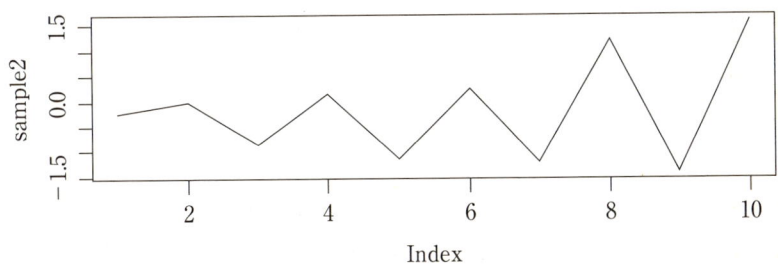

図 5-2 系列 sample1、sample2

図 5-2 は sample1 と sample2 の時系列図になります。ただし、横軸は日時ではなく、観測順のインデックスになっています。さらに 2 つの系列間の相関系列を調べましょう。

```
> cor(sample1,sample2)
```

```
[1]-0.8590405
```

約 −0.86 という非常に強い負の相関をもっていることがわかります。簡単に言えば、片方の収益率が増加するなら一方は減少するというように互いに逆の方向へ動く傾向をもつということを表します。収益率はある種の増加率ですから、この例のように片方の証券の価格が増加しているのであれば、もう一方は反対に減少していると考えてしまいがちです。しかしながら、価格の動きは本当にそうなっているのでしょうか。具体的に図を描いて調べていきましょう。

　次のコマンドを R コンソールに入力して単位価格の変化である累積収益率の図を作成してみましょう。

```
> par(mfcol=c(2,1))
> plot(cumprod(1+sample1/100),type="l",ylab="Price",main="sample1")
> plot(cumprod(1+sample2/100),type="l",ylab="Price",main="sample2")
```

ここで関数 cumprod は、数列から累積の積を計算する関数です。累積の積とは、数列を $a_1, a_2, ..., a_n$ としたとき、$a_1, a_1 a_2, a_1 a_2 a_3, ..., \prod_{i=1}^{n} a_i$ という数列を作るという意味です。ですから、先のコマンドでは

$$(1+r_1), (1+r_1)(1+r_2), (1+r_1)(1+r_2)(1+r_3), ..., \prod_{i=1}^{10}(1+r_i)$$

を計算していることになります。

　この定義からもわかるように累積収益率とは、初期値を 1 円として、各期ごとにその 1 円がどこまで増加（減少）していくのか、という価格

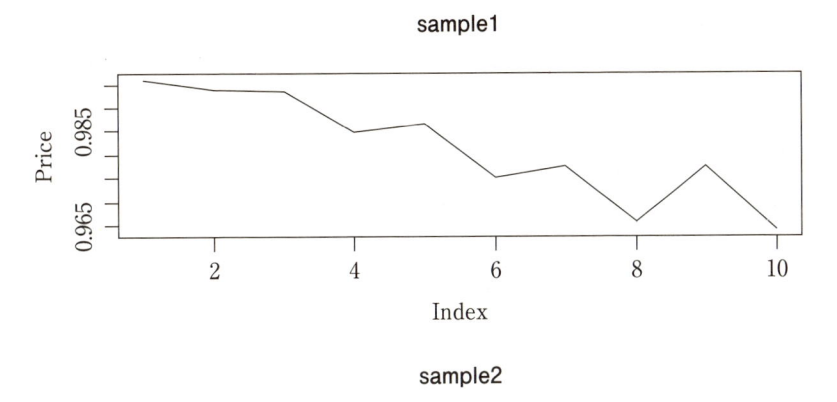

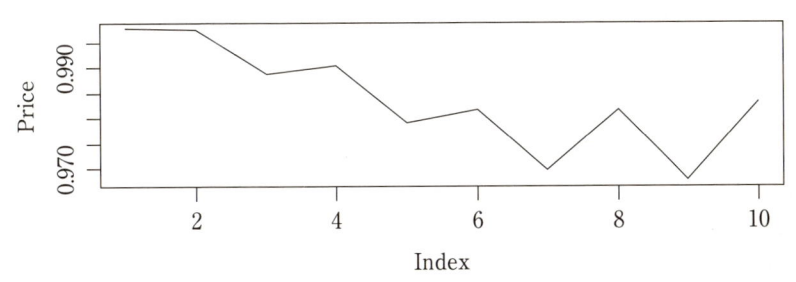

図 5-3　sample1 と sampl2 の累積収益率図

変化を表します。

　図 5-3 は sample1 と sample2 から作った 2 つの累積収益率の図です。上図が sample1、下図が sample2 の累積収益率の図になります。2 つ収益率の相関は負だったので価格系列は互いに逆方向に進むであろうと予想していましたが、実際はどちらの価格も下落していました。

　この例のように実は**収益率の相関関係は必ずしも価格の相関関係には反映されません**。また、この相関係数のような単純な手法に限らず、他の複雑なモデルを用いた場合でも、収益率のデータを用いる限り、証券の価格について同様の誤解を生じることがあります。ほかにも、たとえばドル円の為替の場合では、100 円や 95 円といった区切りのよい値に近づくと価格の動きが鈍くなり、逆にいったんそれを突き抜けると急に勢いよく価格が変動する場合がありますが、これは収益率データのモデ

リングでは扱いきれない性質です。投資の現場においては、このような誤解や見落としは大きな損失につながることもあります。ですから実務では、学術の世界のように収益率だけのデータ分析にこだわらず、収益率から計算した累積収益率を使ったり、価格データを直接分析したりすることもあるようです。

そこで、次節では実際の現場で使われている累積収益率を使ったデータ分析に焦点をあてつつ、投資の現場での応用事例についても紹介したいと思います[注1]。

注1
本書に掲載されている手法による投資の損失に関して、著者と出版社は一切の責任は負いませんので、あらかじめご了承ください。

CHAPTER 5-2 見せかけの回帰が引き起こす問題

　価格や累積収益率データの分析で最も問題となるのは、それらの系列が非定常であるという事実です。実際、価格や累積収益率はほとんどのケースで第3章で説明した単位根過程になります。実務の現場では、CAPM[注2]やマルチファクターモデルのように回帰モデル $Y = \alpha + \beta_1 X_1 + \beta_2 X_2 + \cdots + \beta_p X_p + \varepsilon$ がしばしば使われますが、この式の Y や X に株式の価格や累積収益率を仮定し、単位根かもしれないデータをそのまま使ってモデルの係数推定を行うこともよくあるようです。しかしながら、このような単位根過程を使った回帰モデルのあてはめでは、常に**見せかけの回帰**という問題を意識しておく必要があります。本節では、この見せかけの回帰が成立する実例を示しながら、そこに潜む問題点について明らかにしたいと思います。

　本書ではある特殊な系列 yindex を用意しました。ちなみに、この系列 yindex に ADF 検定をかけると次のように「単位根がある」という帰無仮説を棄却できません。

```
> library(tseries)
> adf.test(yindex)
```

```
        Augmented Dickey-Fuller Test

data:  yindex
Dickey-Fuller=-2.6747,Lag order=4,p-value=0.2964
alternative hypothesis: stationary
```

注2
CAPM については本書の付録 A-3 を参照してください。

また、yindex の階差の系列に対して ADF 検定をかけると

```
> adf.test(diff(yindex))
```

```
        Augmented Dickey-Fuller Test

data:  diff(yindex)
Dickey-Fuller=-5.5045,Lag order=4,p-value=0.01
alternative hypothesis: stationary

警告メッセージ:
In adf.test(diff(yindex)): p-value smaller than printed p-value
```

となります。つまり階差の系列は単位根過程ではありません。よって yindex の原系列は単位根過程のようです。今度は日本水産（証券コード 1332）の日次累積収益率のデータを使って同様の単位根検定を行ってみます。なお、このデータは TOPIX500 の累積収益率を計算したデータフレーム data.cum.return の 1 列目に x1332 という名前で収録されています。

```
> adf.test(data.cum.return$x1332)
```

```
        Augmented Dickey-Fuller Test

data:  data.cum.return$x1332
Dickey-Fuller=-2.0369,Lag order=4,p-value=0.5612
alternative hypothesis: stationary
```

```
> adf.test(diff(data.cum.return$x1332))
```

```
        Augmented Dickey-Fuller Test

data:  diff(data.cum.return$x1332)
Dickey-Fuller=-3.6986,Lag order=4,p-value=0.02738
```

```
alternative hypothesis: stationary
```

やはり、この日本水産の系列も単位根過程のようです。さらにこの2つの系列を使って単回帰モデルを作ります。つまり

$$日本水産の累積収益率 = \alpha + \beta \times \text{yindex} + 誤差項$$

という線形モデルの推定を行います。Rにおける線形モデルの当てはめは関数 lm で実現できます。それでは実際に推定を行いましょう。なお lm を当てはめたオブジェクト lm.fit1 の詳細を表示するために、関数 summary を用いています。

```
> lm.fit1=lm(data.cum.return$x1332~yindex)
> summary(lm.fit1)
```

```
Call:
lm(formula=data.cum.return$x1332~yindex)

Residuals:
     Min       1Q   Median       3Q      Max
-0.135055 -0.044668 0.002069 0.048280 0.146800

Coefficients:
             Estimate Std. Error t value Pr(>|t|)
(Intercept)  0.932779   0.009031  103.29   <2e-16 ***
yindex      -0.016979   0.001271  -13.36   <2e-16 ***
---
Signif. codes:  0 '***' 0.001 '**' 0.01 '*' 0.05 '.' 0.1 ' ' 1

Residual standard error: 0.0619 on 119 degrees of freedom
Multiple R-squared:  0.5998,    Adjusted R-squared:  0.5964
F-statistic: 178.4 on 1 and 119 DF,  p-value:<2.2e-16
```

Coefficients: 部分の表は推定した係数についての情報が記述されています。最終列は係数のt検定（帰無仮説は「係数は0」）のp値となっており、ともにほぼ0という値を示しています。よって、(Intercept)つまり α の値 0.932779 と yindex つまり β の値 -0.016979 は、ともに有

意水準1%でも有意な値ということになります。また、Adjusted R-squared は修正済み決定係数を表しており 0.5964 という値になっています。**修正済み決定係数**とは、得られたモデルがデータをどの程度説明できるかを示す指標です。このモデルはデータの約 60% 程度を説明できていることになり[注3]、ファイナンスデータの回帰モデルの当てはまり具合でいえばそれほど悪くない値です[注4]。

このモデルでは yindex が下がれば日本水産の価格は上昇することになります。その一方で、のちに説明しますが、yindex の値は株式市場が開く前にいつでもその日の値が得られるようになっています。つまり、株式市場が開く午前9時より前、たとえば午前7時にその値を知ることができるというわけです。そうなると、午前7時に yindex を調べてその値が上がっていれば市場が開いたと同時に株式を売り、yindex が下がっていれば買うという戦略をとることで安定的に利益がとれるということになります。もし、この結果が正しいならば、yindex は魔法の指数であり、非常に高い値段で買う人も出てくるでしょう。ですが、そんなうまい話があるのでしょうか。

このうまい話についての種明かしをしましょう。実はこの yindex は次の入力式で作られた正規分布に従う乱数による人工的な単位根過程です。

```
> set.seed(2)
> yindex=cumprod(1+rnorm(121)/100)
```

この式からもわかるように set.seed(2) という形で乱数の種を指定しま

[注3]
残りの約 40% は誤差項（ノイズ）が説明することになります。

[注4]
浅学なのであまり参考にはなりませんが、著者が読んだ書籍や論文を見る限り、経済やファイナンスデータの回帰分析において修正済み決定係数が高く出ているケースをあまり見たことがありません。逆に決定係数がほんの数%のモデルを使って、推測や大きな結論を導いているケースなどをしばしば見かけます。あまりに小さい決定係数のモデルに基づいてファイナンス理論の議論を行うのは、とても危険なことではないかと常々思っています。

したから、任意の時刻にいつでも復元可能です。そして、121という数値をさらに大きなものに変えればいくらでもyindexの系列は延長することができます。つまり、いつでも未来の値が取り放題になっているというわけです。yindexがこのようなものだと聞くと、誰もがお金を出して買う気にならないでしょう。

　そもそも乱数で作ったyindexと日本水産の累積収益率は全くの無関係です。しかし、線形モデルを当てはめるとなぜか意味のある回帰の結果が返ってきました。このような問題はなぜ起きたのでしょうか。その原因は「日本水産の累積収益率の系列、yindexともに単位根過程である」ということにあります。線形モデルにおいて説明変数、被説明変数としてともに単位根過程に従う系列を持ってきた場合、それらが互いに全く無関係の系列でも、その長さが長ければ長いほど係数のt検定が有意に出る、決定係数が高くなる、などの現象が確認されています。これがこの節のタイトルにもなっている **「見せかけの回帰」** という現象です。ファイナンスの分野はもちろんのこと、経済、経営の分野でも単位根過程に従う時系列データは非常に多く存在しますので、回帰分析をする際は十分な注意を払う必要があります。

　ちなみに、図5-4はlm.fit1の残差のヒストグラムです。図だけだと正規分布しているかどうか判断に迷うレベルです。実際、Shapiro-Wilk検定を行うとp値は0.1377となるので、有意水準10％で「残差は正規分布している」という帰無仮説を棄却できませんので、なんとか許容できる範囲です。

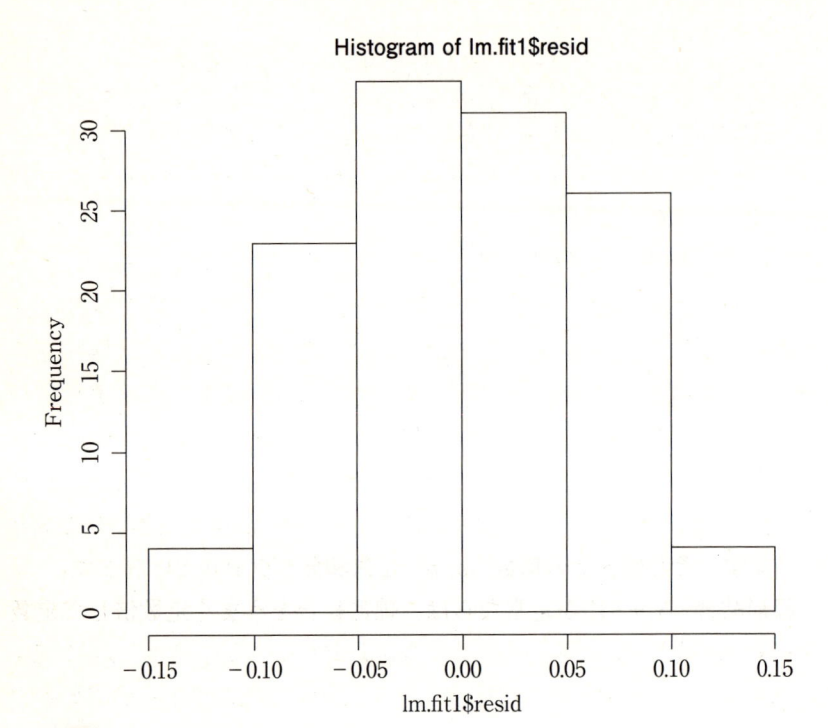

図 5-4　lm.fit1 の残差のヒストグラム

CHAPTER 5-3 共和分を利用した株式投資への応用

単位根過程 X_t の1回差分 $\Delta X_t = X_t - X_{t-1}$ が定常過程になるとき、X_t は1階**和分過程**と呼ばれ、$I(1)$ と表します。ですから、X_t の d 回差分が定常過程になるならば $I(d)$ と表します。先の日本水産の累積収益率の系列や yindex はまさに1階和分過程 $I(1)$ です。そして、一般に2つの $I(1)$ 過程である X_t と Y_t の線形結合 $aX_t + bY_t$ は $I(1)$ に従います。

その一方で、$aX_t + bY_t$ が定常過程 $I(0)$ になってしまうことがあります。そのとき2つの X_t と Y_t は**共和分**（cointegration）の関係にあるといいます。そして、その係数 (a, b) を**共和分ベクトル**と呼びます。

線形結合 $aX_t + bY_t$ が定常ならば、線形結合をうまく定数倍して定数項 $-\alpha$ を加えた $Y_t - \beta X_t - \alpha$ という系列も定常になります。これは $Y_t = \alpha + \beta X_t + \varepsilon_t$ という線形モデルを考えたときの ε_t の系列と同等です。つまり、$I(1)$ 同士の系列に線形モデルを当てはめて、その残差が $I(1)$ にならなければ2つの系列は共和分の関係にあるということになります。ちなみに、前節の見せかけの回帰の例で出てきた日本水産の累積収益率を yindex に回帰した際の残差に対して、ADF 検定を行ったところ $I(1)$ となりました。つまり、日本水産の累積収益率と yindex は共和分の関係にはありません。なお、2つの系列が共和分になっているならば、線形結合の係数である共和分ベクトルはいくらでも考えられることになる[注5]ので、通常の分析では、係数を一意に定めるために $a=1$ や $a^2+b^2=1$ のような制約をつけて議論します。

もし2つの株式の累積収益率 C_t, D_t が共和分の関係にある、つまり

注5
線形モデルの関係が成立していますから、両辺を定数倍すれば共和分ベクトルはいくつでも作れます。

線形結合 C_t+sD_t が定常だとします。すると、その線形結合の系列は定常なので**平均回帰性**という性質を持ちます。平均回帰性とは、時間経過とともに $|C_t+sD_t|$ が非常に大きくなっても、もっと時間が経過すれば C_t+sD_t の値はその平均である $E(C_t+sD_t)$ という定数の近くに戻ってくるという性質です。ですから、共和分関係にある2つの株式 C_t、D_t と共和分ベクトルを見つけ出せたならば、日々 $|C_t+sD_t|$ の値を計算しつつその値が大きく外れたところで適当なポジションをとり、戻ってきた段階でポジションを精算すれば収益を上げることが可能になります。このような投資戦略は一般的に**ペアトレーディング**と呼ばれています。

　ここでは例として、ふくおかフィナンシャルグループ（日経証券コード8354）と肥後銀行（日経証券コード8394）という九州の銀行の2つを取り上げてみましょう。まず、この2つの累積収益率のデータが共和分の関係にあることを調べます。2つ株式の日次累積収益率の系列に対してADF検定をかけた結果は次の通りになります。

```
> adf.test(data.cum.return$x8354)
```

```
        Augmented Dickey-Fuller Test

data:   data.cum.return$x8354
Dickey-Fuller=-1.3801,Lag order=4,p-value=0.8341
alternative hypothesis: stationary
```

```
> adf.test(data.cum.return$x8354)
```

```
        Augmented Dickey-Fuller Test

data:   data.cum.return$x8394
Dickey-Fuller=-2.0487,Lag order=4,p-value=0.5563
alternative hypothesis: stationary
```

どちらのADF検定の結果でもp値は大きいので、「単位根過程である」

という帰無仮説は棄却できません。ここではコマンド入力を省略していますが、それぞれの階差の系列に対して同様の検定をかけても p 値は 0.01 以下であるという結果が返ってきます。つまり、ふくおか FG、肥後銀行、どちらの累積収益率系列も単位根過程に従っている可能性が高いようです。これらの 2 つの累積収益率を線形モデル

ふくおか FG の累積収益率 $= \alpha + \beta \times$ 肥後銀行の累積収益率 $+$ 誤差項

に当てはめて、その当てはめ残差に対して ADF 検定をかけてみます。もし単位根過程であるという帰無仮説が積極的に棄却できれば、残差系列は定常過程である可能性が高いです[注6]。

```
> lm.fit2=lm(data.cum.return$x8354~data.cum.return$x8394)
> summary(lm.fit2)
```

```
Call:
lm(formula=data.cum.return$x8354~data.cum.return$x8394)

Residuals:
      Min        1Q    Median        3Q       Max
-0.127916 -0.031572  0.002197  0.032347  0.124812

Coefficients:
                       Estimate Std.Error t value Pr(>|t|)
(Intercept)            -0.66536   0.04746  -14.02   <2e-16 ***
data.cum.return$x8394   1.68266   0.04408   38.17   <2e-16 ***
---
Signif.codes:  0'***'0.001'**'0.01'*'0.05'.'0.1' '1

Residual standard error: 0.046 on 119 degrees of freedom
Multiple R-squared: 0.9245,    Adjusted R-squared: 0.9239
F-statistic: 1457 on 1 and 119 DF,  p-value: <2.2e-16
```

注6
ADF 検定は対象の系列に対して自己回帰的な構造を仮定して検定統計量を作っています。しかし、対象がその枠組みで表現できるとは限らないので、ここでは定常過程である可能性が高いという言い方をしています。

関数 summary の結果をみると、係数の t 検定の p 値は非常に小さく、決定係数は 0.9 以上と高いので、線形モデル自身はとてもよく当てはまっているように見えます。また、Shapiro-Wilk の正規性検定でも残差の正規性が棄却されていないようです。そして肝心の残差に対するADF 検定では p 値が 0.01 未満と非常に小さいので、「単位根過程である」という帰無仮説は通常の有意水準でも十分棄却されます。つまり、今回の線形モデルの当てはめ残差は定常過程と考えられそうなので、ふくおかフィナンシャルグループと肥後銀行の累積収益率は共和分の関係にあると言えそうです。それでは次のコマンドを入力して得られた線形モデル lm.fit2 の残差の時系列図を描いてみましょう。

```
> plot(Date,lm.fit2$resid,type="l",xlab="Date")
> abline(h=0)
```

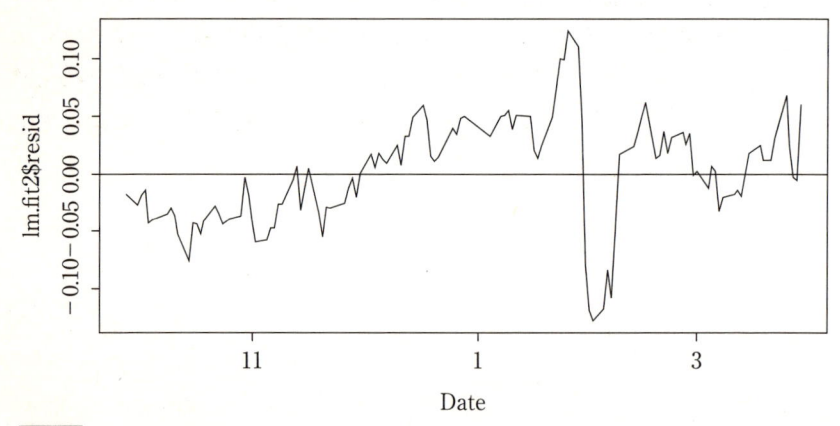

図 5-5　残差の時系列図

　図 5-5 が得られた残差の時系列図になります。ここでは日付情報がわかるように x 軸に日付データ Date を指定して時系列図を描くことにしました。図 5-5 を見るとわかるように残差の時系列図は、基本的には 0 付近を回帰的に動いているように見えますので、残差系列には平均回帰

性があるように思われます。明らかに1月下旬から2月中旬に大きな振幅が見られますが、ペアトレーディングではこのような変化が起きた時（厳密に言えば頂点を少し過ぎたところ）が投資ポジションをとる絶好の時期ということになります。たとえば、仮に1月下旬の正の振幅の頂点付近でポジションがとれるのであれば、頂点から少し減少したところでふくおかフィナンシャルグループを空売り（ショートポジション）して肥後銀行を買うこと（ロングポジション）になり、残差が0から負に突き抜けたあたりでこの取引を手じまいにします。この例の場合だとおおよそ11.7％（売買手数料は加味せず）の利益が上がります。また、2月上旬の負の振幅の頂点付近でも先ほどとは反対のポジションをとることで利益を上げることが可能になります。

　もちろん、共和分関係の存在については過去の一部のデータに基づいて決めていますから、この推定結果は真の構造を表していない可能性はあります。また、推定した共和分の関係が事実だったとしても、将来的には系列の性質が変化してしまい共和分の関係が崩れることは十分考えられます。ですから、一般的なペアトレーディングでは、閾値や経過時間を条件として取引を中断するロスカットルールを定めて適宜ポジションを解消（取引を清算）するのが一般的です。

CHAPTER 5-4 クラスタリングのペアトレーディングへの活用

前節で説明したようにペアトレーディングとは共和分という特定の意味を持つ2つの証券の組を見つけて投資する手法でした。付録Aにある CAPM のようなアセットプライシングモデルを使い投資判断する方法も、特別な意味をもつ TOPIX と株式の組を見つけることにほかなりません。ですから、ファイナンスのデータ分析では、ある意味で証券同士を比較しながら何かしらの意味がある組を見つけ出すという作業が重要な役割を果たします。一方で、データが大規模になればなるほどこの作業はとても苦労の多いものになっていくということもまた事実です。そこで、本節では意味がありそうなデータの組を効率的に見つけ出す方法の1つである**クラスタリング**を取り上げます。

クラスタリングとは、データを個体の集合と見なして、ある一定のルール（通常は個体間の距離）に基づきながら個体をいくつかの**クラスタ（塊、群）**に分類するツールです。そして、意味がありそうな個体の組を**デンドログラム**と呼ばれる木構造を用いたグラフィカル表現を通してユーザーに知らせてくれます。たとえば、個体の距離として標本相関係数[注7]を応用すれば、「多くの株式の収益率データの中から標本相関係数が1に近い株式の組を見つけ出す」といった使い方ができます。本節では、この標本相関係数の例を通じて基本的なクラスタリングの使い方を紹介し、さらには先のペアトレーディングへの応用についても簡単に触れたいと思います。

注7
時系列データ同士の相関ですから、厳密には相関係数ではなく相互相関係数（Cross Correlation）と呼ぶ方がしっくりきますが、ここではわかりやすさを優先して相関係数という語をそのまま使っています。

クラスタ（群）とは個体の集合のことであり、クラスタリングは個体間、個体と群の間、群間を先のような距離（非類似度）を使って計測し、距離の近いものを順に結び付けることによってデータを分類する手法を指します。たとえばこれまで用いた証券のデータであれば、1つの証券が個体であり、個体を構成する要素が収益率の時系列データということになります。

通常の場合、個体間の距離の測定は、いわゆる点と点の間の距離（ユークリッド距離）の定義をそのまま用いて行います。具体的に説明しましょう。2つの証券 X, Y の時系列データ $x_t, y_t, t=1, 2, ..., T$ を考えます。そしてそれぞれの時系列データから標本平均 $\hat{\mu}_x, \hat{\mu}_y$ と標本標準偏差 $\hat{\sigma}_x, \hat{\sigma}_y$ を求めて次のように基準化します。

$$u_t = \frac{x_t - \hat{\mu}_x}{\hat{\sigma}_x}, v_t = \frac{y_t - \hat{\mu}_y}{\hat{\sigma}_y}.$$

そうすると証券間の距離の2乗は

$$\sum_{t=1}^{T}(u_t - v_t)^2 = T\left(\frac{1}{T}\sum_{t=1}^{T}u_t^2 + \frac{1}{T}\sum_{t=1}^{T}v_t^2 - \frac{2}{T}\sum_{t=1}^{T}u_t v_t\right) = 2T\left(1 - \frac{1}{T}\sum_{t=1}^{T}u_t v_t\right)$$

であり、$\frac{1}{T}\sum_{t=1}^{T}u_t v_t$ は X, Y の間の標本相関係数になっています。ですから、これを $\hat{\rho}_{xy}$ とすれば先の式は、

$$\sum_{t=1}^{T}(u_t - v_t)^2 = 2T\left(1 - \hat{\rho}_{xy}\right)$$

と表せます。つまり2つの証券 X, Y のデータの間の距離が小さければ小さいほど相関は高いということになるので、距離が証券の収益率系列同士の非類似度を示していることがわかります。

クラスタリングではこの非類似度が小さいものからペアリングが実行されます。図5-6はTOPIX Core30と呼ばれるインデックスに採用されている銘柄の時系列データ（2012年12月〜2013年3月までの日次収益率）に対してクラスタリングを実行した結果の図です。このトーナ

メント表のような図のことをデンドログラムと呼びます。ただし、KDDIは当該期間に株式分割を行ったため図から除外しています。デンドログラムではトーナメント表のような図になっており、図の下の方で結びついた証券同士ほど互いの距離が短い（非類似度が低い、類似度が高い）ということを示しています。たとえば同業種の三井物産と三菱商事はすぐにペアリングされており、ペアが結びつく点（三叉路の交点）の位置は図の左にある縦軸（Height）のスケールで見ると10前後となっています。この数値は個体間の間の距離なので、三井物産と三菱商事の距離は10ということになります。他にも三菱UFJと三井住友FGも同じ10あたりで結びついていますし、武田製薬とアステラス製薬、トヨタとホンダなども距離が13あたりで結びついています。

一方、個体と群、および群と群の間の距離については通常の距離を当

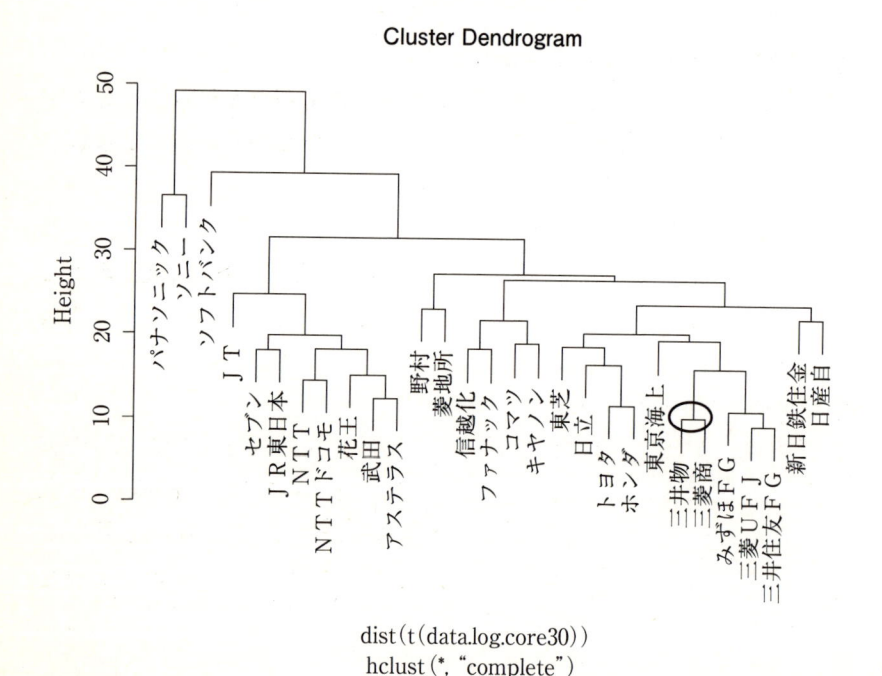

図5-6 クラスタリング

てはめるわけにはいかないので、それなりの工夫を必要とします。具体的には、群に属する点の間に何らかの規則を適用することで、群を代表する基点を作成、点と基点ないし基点同士の距離を測っています。代表的な規則としては、次のようなものがあります。

●**最近隣法**（nearest neighbor method）
2つのクラスタの中から1つずつ個体を選んで距離を測定し、最も近い距離を群間距離として採用する方法。Rではmethod="single"というオプションで指定できる。

●**最遠隣法**（furthest neighbor method）
2つのクラスタの中から1つずつ個体を選んで距離を測定し、最も遠い距離を群間距離として採用する方法。Rではmethod="complete"というオプションで指定できる（デフォルト値）。

●**群平均法**（group average method）
2つのクラスタの中から1つずつ個体を選んで距離を測定し、その平均距離を群間距離として採用する方法。Rではmethod="average"というオプションで指定できる。

●**重心法**（centroid method）
クラスタそれぞれの重心を計算し、その重心間の距離を群間距離として採用する方法。Rではmethod="centroid"というオプションで指定できる。

●**ワルド法**（Ward method）
2つのクラスタ(A, Bとする)を1つのクラスタにまとめたときの個体の分散$Var(A \cup B)$と、それぞれのクラスタの個体の分散$Var(A), Var(B)$を計算し、$Var(A \cup B) - Var(A) - Var(B)$を距離とする方法。最もよく使われている。Rではmethod="ward"というオプションで指定できる。

図5-6は、このリストの中の最遠隣法という規則で作成された図にな

ります。たとえば、三菱UFJフィナンシャルグループと三井住友フィナンシャルグループのクラスタに距離12あたりのところでみずほフィナンシャルグループが加わっています。つまり、みずほフィナンシャルグループ日次収益率の時系列データも、三菱UFJフィナンシャルグループや三井住友フィナンシャルグループのそれに非常に近いということを示しています。よって、三大メガバンクの収益率の動きは互いに非常に似通っていることになります[注8]。花王、アステラス、武田といった製薬会社が1つのクラスタを形成しているようです。他にもいろいろな特徴がみて取れますが、ここでは読者のみなさんの宿題としたいと思います。ちなみに、図5-6は次のコマンドを入力することで作成できます。

```
> fit.clust=hclust(dist(t(data.log.core30)))
> plot(fit.clust)
```

1行目の関数hclustはクラスタリングを実行するための関数です。引数には各個体間の距離を示す行列を与えます。今回の場合は各銘柄間の距離を与える必要があるので、銘柄を個体とみなしたデータを作り距離行列を作る必要があります。関数distはそのような距離行列を作るための関数で、各個体が行として並んだデータから距離行列を作ります。data.log.core30にはTOPIX30を構成する30個の銘柄の日次収益率データが入っており、各列が一つの銘柄の時系列データに対応しています。つまり個体が列として並んでいることになります。そのため関数distで使うにはデータを転置する必要があるので、転置行列を作る関数tを挟んで"dist(t(data.log.core30))"と計算しています。そして、できあがったオブジェクトfit.clustに対して関数plotを用いて図5-6のデンドログラムを作成しています。なお、デンドログラムをわかりやすくするために、データdata.log.core30では列名をこれまでのような証券コードではなく省略した企業名にしています。

注8
もちろん、値動きが似ているわけではないので、その点は注意してください。

5-4 クラスタリングのペアトレーディングへの活用

図 5-6 はあくまでも相関係数という物差しで評価した類似性でしかありませんから、5-1 で説明したように証券価格の動きの相関も同様に高いという保証はありません。そこで、その点を確認するためにも、ここではさらに累積収益率データ data.cum.core30 に対するクラスタリングも行うことにします。

```
> data.cum.core30=lapply(data.log.core30,function(x){cumprod(1+x/100)})
> data.cum.core30=data.frame(data.cum.core30)
> fit.clust2=hclust(dist(t(data.cum.core30)))
> plot(fit.clust2)
```

なお、関数 lapply は第 1 引数で指定したリスト構造のデータの各枝に対して第 2 引数の関数を実行します。通常のデータはリスト構造と行列構造を併せ持つデータフレームという構造になっていますから、各列を枝とみなすことで特別な加工をすることなく関数 lapply を使うことが

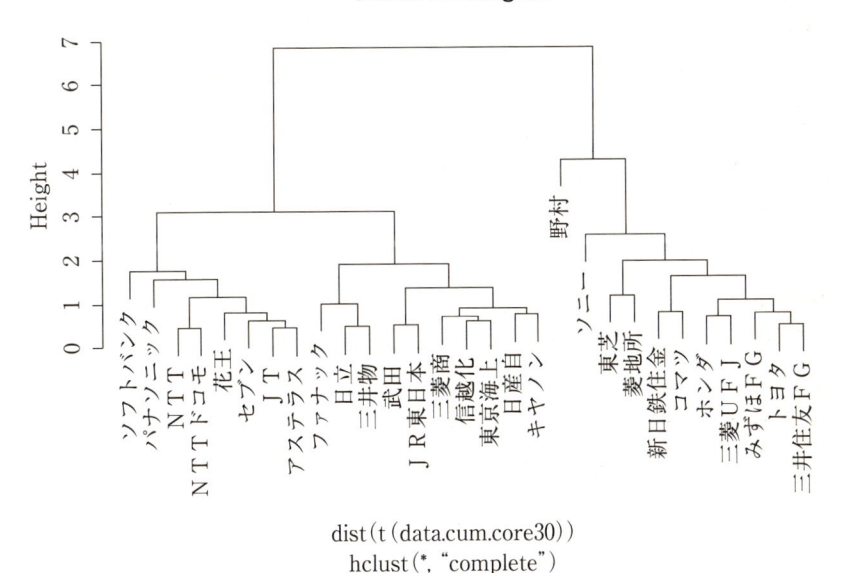

図 5-7 累積収益率のクラスタリング

可能です。また、第2引数はfunction(x){cumprod(1+x/100)}となっていますから、これはまさに5-1で使った累積収益率の計算方法そのものになっています。

図5-7は計算した累積収益率に対してクラスタリングをかけたときのデンドログラムを表しています。NTTドコモやNTT、3大メガバンクなどは累積収益率でも距離が近いことから、やはり互いの性質はそれなりに似ていると言えるでしょう。一方、アステラスや花王の距離は決して遠いわけではありませんが、武田とはだいぶ離れてしまいました。また、累積収益率のクラスタリングではNTT、NTTドコモ、ソフトバンクといった通信インフラ系の銘柄同士の距離は近くなっているのは見逃せないでしょう。

今度は距離として特殊な定義を組み込んでみましょう。具体的には、累積収益率が単位根過程である2つの系列に対して線形モデルを当てはめて残差系列を取り出し、その残差系列に対してADF検定をかけた時のp値を距離として使います。この場合での距離の近さは、「残差系列は単位根過程に従っている」という帰無仮説が正しいにも関わらず誤って棄却するという確率（タイプ1のエラーと呼ばれます）を表しているので、距離が小さいほど残差系列は単位根過程ではない（定常である）という可能性が高いということを示しています。つまり、互いの距離が非常に小さければ、2つの単位根系列は共和分の関係にあると判断できることになります。それでは、実際の手順について詳しく説明していくことにしましょう。

もし5-4から読み始めて、ADF検定のためのパッケージであるtseriesをRにロードしていないときは次のコマンドを入力してください。

```
> library(tseries)
```

上記のコマンドを入力しtseriesパッケージの読み込みが終わった、もしくはすでに読み込みが済んでいる人は、次のコマンドを入力して、累

5-4 クラスタリングのペアトレーディングへの活用

積収益率のデータ data.cum.core30 から単位根系列に従っている銘柄を検索しましょう。

```
> pvs=NULL
> for(i in 1:29){ pvs[i]=adf.test(data.cum.core30[,i])$p.value}
```

1行目のコマンドでは、pvs に空値 NULL を割り当てることで空のベクトルを作っています。2行目では for ループを使い、変数 i に対して 1:29 というベクトル、つまり 1 から 29 までの整数を順に入れて { } の中の式を順に実行しなさいという命令を書いています。この命令は簡単に言えば、データフレーム data.cum.core30 に登録されている 29 個の各銘柄[注9]に対して関数 adf.test を使って順に ADF 検定をかけなさいという意味です。ここで関数 adf.test の後ろに $p.value が付いていますが、これは adf.test の返値のうち p.value という名前がついている部分、つまり p 値だけを取り出しなさいという命令です[注10]。そして取り出した p 値は pvs[i] というベクトルの第 i 番目の要素として代入されます。つまり、data.cum.core30 の第 i 番目の銘柄（第 i 列目に格納されている銘柄）の累積収益率に対して ADF 検定をかけたときの p 値が、ベクトル pvs の第 i 番目の要素に格納されているわけです。さらに次のコマンドを入力して pvs の中身を図示したいと思います。

```
> plot(pvs,type="h")
```

plot の引数 type で "h" を指定しているので、各 p 値を縦棒で表した図が得られたはずです。ざっくりとした話で言えば、この図 5-8 で棒の高さが高いほど系列が単位根過程である可能性が高いということになります。そして ADF 検定はもちろん統計的仮説検定ですから、形式的な手

注9
先に説明したように当該期間に株式分割のあった KDDI は除いています。

注10
厳密に言えば adf.test の返値はリストオブジェクトになっているので、そのリストオブジェクトの枝のうち p.value という名前の付いた枝を取り出せという命令です。

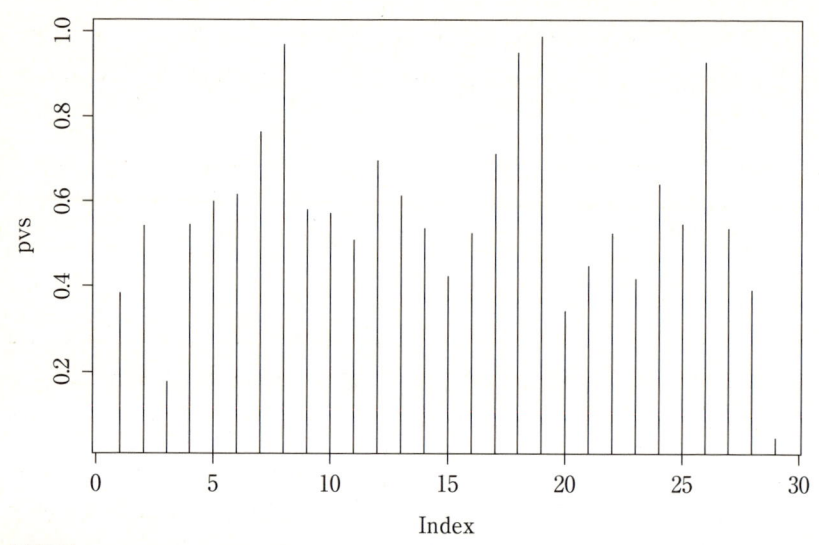

図 5-8　ADF 検定の p 値の一覧

順に従い有意水準を定めて考えるのであれば、それを下回った p 値をもつ系列は単位根過程ではないとみなしてよいでしょう。ここでは厳しめの条件を設定し p 値が 0.2 を下回った系列は単位根過程ではないとみなすことにします。

　p 値が 0.2 以上の値をもつ系列だけを取り出すために次のコマンドを入力します。

```
> flag=(pvs>=0.2)
> nn=sum(flag)
> nn
[1] 27
```

flag は、TRUE か FALSE という論理値（つまり pvs≧0.2 という論理演算の結果）が格納されたベクトルになります。論理値は通常 TRUE に 1 が割り当てられ、FALSE には 0 が割り当てられます。ですから、総和を計算する関数 sum を使うと TRUE である 1 の値だけがカウントされて足されます。結果として 27 が返ってきているので、TRUE にな

った銘柄は29個中27個あったことがわかります。今度は、データフレーム data.cum.core30 から p 値が 0.2 以上になった系列だけを取り出します。

```
> data.cum.core30.2=data.cum.core30[,flag]
> dim(data.cum.core30)
[1]120  29
> dim(data.cum.core30.2)
[1]120  27
```

上記の入力コマンドの1行目を見てもわかるようにRでの特定のデータの取り出し方法はとても単純です。データフレームや行列では"[,]"という演算子が使えて、[行番号の並び, 列番号の並び] や [論理値の並び, 論理値の並び] のように指定することで行、列、要素を取り出すことができます。ここでは列指定のところに先ほどの flag という論理値の並びを渡し、TRUE となっている系列だけを取り出しています。2行目、3行目の関数 dim はデータフレームや行列の行数と列数を返す関数です。上記の結果を見てわかるように data.cum.core30 では 29 だった列数が data.cum.core30.2 では 27 に減っていることがわかります。これで単位根過程だと思われる累積収益率のデータだけを取り出すことができました。

今度は2つの系列を選びだし、線形モデルを当てはめます。やり方はいろいろあると思いますが、ここでは (1,2) や (3,5) といった1から27までの数字の全組み合わせ（値の重複は含まない）を作って、当該番号の2本の系列を取り出し関数 lm を使って線形モデルを当てはめることにします。まずは系列番号の組み合わせを作ります。

```
> nums=combn(1:nn,2)
> dim(nums)
[1]   2 351
```

関数 combn は文字通り combination（組み合わせ）を計算するための

関数です。オブジェクトnnには先ほどの列数27が格納されているので、1行目の式は1から27までの数字の中から2つを選んで組み合わせを作り、それをnumsオブジェクトに格納せよという命令になっています。2行目の関数 dim の結果から関数 combn の返値である nums オブジェクトは2行351列の行列構造になっていることがわかります。nums オブジェクトの各列には2つの数字の組み合わせが格納されているので、組み合わせ総数は合計351個だったということになります。ちなみに組み合わせ数だけが必要な場合は関数 combn ではなく関数 choose[注11] を用いるとよいでしょう。

次に nums オブジェクトに格納された組み合わせを使って一気に線形モデルを当てはめましょう。

```
> lm.results=list()                                    ……………①
> lnum=dim(nums)[2]                                    ……………②
> result.mat=matrix(rep(0,nn*nn),nn)                   ……………③
> for(i in 1:lnum){                                    ……………④
+ nn1=nums[1,i]                                        ……………⑤
+ nn2=nums[2,i]                                        ……………⑥
+ lm.results[[i]]=lm(data.cum.core30.2[,nn1]~data.cum.core30.2[,nn2])  ……………⑦
+ result.mat[nn1,nn2]=adf.test(lm.results[[i]]$resid)$p.value          ……………⑧
+ result.mat[nn2,nn1]=adf.test(lm.results[[i]]$resid)$p.value          ……………⑨
+ }                                                    ……………⑩
> rownames(result.mat)=names(data.cum.core30.2)       ……………⑪
> colnames(result.mat)=names(data.cum.core30.2)       ……………⑫
```

①の lm.results はリストオブジェクトです。これは線形モデルのあてはめ結果を格納しておくための器として用意しています。②の lnum には関数 dim が返す結果の2番目の要素、つまり351という組み合わせ総数が入っています。③の result.mat は 27×27 の行列オブジェクトですが、すべての要素が0になっています。これは後で用いる関数 hclust でクラスタリングを行うときの、各系列間の距離を格納しておくための器です。④から⑩のforループでは組合せごとに系列を2つ取り出し、

注11
この例の場合では choose(27,2) と計算することになるでしょう。

関数 lm を使って線形モデルを当てはめています。

　もう少し具体的に見ていきましょう。まず初めに注意事項です。各行の先頭にある＋の記号は、R Console 上でコマンドの入力途中で改行（Enter の入力）をしたときに表示される記号ですので、タイプする必要はありません。⑤⑥オブジェクト nn1 と nn2 は組み合わせで選ばれた2つの系列の番号がそれぞれ格納されています。そして⑦で線形モデルを当てはめて結果をリストオブジェクトの lm.results の第 i 番目の枝に格納しています。そして⑧⑨では残差の adf 検定をかけて、その p 値を行列 result.mat に格納しています。たとえば3番目と5番目の系列に対して上述の処理を行った場合、得られた p 値は③5列目の位置に格納し（⑧の処理）、さらに対称の位置にある⑤3列目にも同様の値を入れています（⑨の処理）。⑪と⑫では、銘柄同士のマッピングが容易にわかるように、行列 result.mat の行と列に対応する銘柄名をラベルとして与えています。なお、ラベルとして与える銘柄名については、元になっているデータである data.cum.core30.2 の列名を関数 names で取り出してそれを転用しています。この処理を行っておくことで、のちにデンドログラムを作成した際、対応する銘柄名が図の上に表示されるようになります。

　上記手順では組み合わせ総数と同じ 351 回の ADF 検定を実施しますが、そのうちの何回かの検定では「表示できる桁数よりも p 値が限りなく 0 に近い」という警告を出してきます。単なる表示桁数の警告ですから今回の分析では全く問題になりませんので、気にせず作業を進めてください。

　以上のコマンド入力でクラスタリングをかけるための準備はできました。それでは実際にクラスタリングを実行してみましょう。ここでは残差の ADF 検定の p 値が小さくなる銘柄の組を視覚的に見つけることが目的ですから、群間や個体と群の間の距離の測定には、最も近い個体同士の距離を測った方が目的に合致していますので、最近隣法でクラスタリングすることにします。

```
> fit.clust3=hclust(as.dist(result.mat),method="single")
> plot(fit.clust3)
> abline(h=0.1,lty=2)
```

1行目では関数hclustを用いてクラスタリングを実行しています。なお、行列result.matが距離行列になっていることをRに理解させるため、関数hclustの引数では関数as.distを使って行列result.matを距離行列のオブジェクトに変換しています。引数methodではsingleを指定しているので、今回は最近隣法を使ってクラスタリングしていることがわかります。2行目では関数plotを実行し、クラスタリングの結果を示すデンドログラムを描画させています。3行目では関数ablineを用いて、得られた図の高さ0.1のところに横点線を重ね書きしています。

これらの一連の処理で得られたグラフが図5-9になります。図5-9の中の水平な点線は0.1のところにひいてありますので、それ以下に各枝の接点がある場合は、「残差系列は単位根過程である」という帰無仮説が有意水準10%で棄却されます。つまり、その銘柄同士は共和分の関係にある可能性が高いことを意味します。図5-9を見る限りいくつかの銘柄の間で共和分関係が成立していそうです。

その一方で、現場の方たちの経験則に、「**同一業種内の銘柄同士でペアトレーディングが成立することが多い**」というものがあります。実際、5-3の共和分の例でも九州の銀行同士で成立しているところを見るとあながち間違っているわけではなさそうですから、そのような銘柄同士を選びだすのがよいかもしれません。この例の場合は金融という括りではみずほFGと東京海上の組が考えられるのかもしれませんが、厳密に言えば銀行と保険なので完全な同一業種ではありませんので、ペアトレーディングは成立しないかもしれません。

この例ではTOPIX Core30の採用銘柄という狭い範囲で探しましたが、現場の経験則を信じるとすれば、むしろ同一業種の中で探したほうが効率はよいかと思います。そこで今度は鉄道会社だけに範囲を絞って

5-4 クラスタリングのペアトレーディングへの活用

Cluster Dendrogram

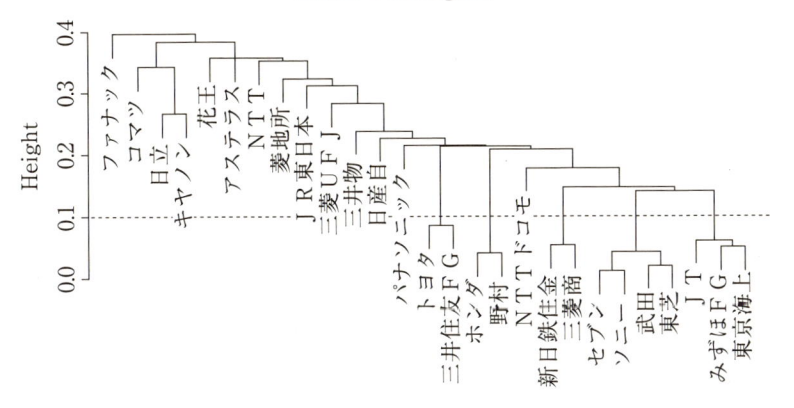

図 5-9 残差の ADF 検定の p 値を距離にしたクラスタリング

as.dist(result.mat)
hclust(*, "single")

同一の分析を行ってみましょう。データ data.cum.train は 16 の鉄道関連会社の株式の累積収益率がおさめられていますので、これを使って分析を行います。以下のコマンドを入力してください。

```
> pvs=NULL
> lnum=dim(data.cum.train)[2]
> for(i in 1:lnum){  pvs[i]=adf.test(data.cum.train[,i])$p.value}
> flag=(pvs>=0.2)
> nn=sum(flag)
> data.cum.train.2=data.cum.train[,flag]
> nums=combn(1:nn,2)
> lm.results=list()
> lnum=dim(nums)[2]
> result.mat=matrix(rep(0,nn*nn),nn)
> for(i in 1:lnum){
+nn1=nums[1,i]
+nn2=nums[2,i]
+lm.results[[i]]=lm(data.cum.train.2[,nn1]~data.cum.train.2[,nn2])
+result.mat[nn1,nn2]=adf.test(lm.results[[i]]$resid)$p.value
+result.mat[nn2,nn1]=adf.test(lm.results[[i]]$resid)$p.value
+}
> rownames(result.mat)=names(data.cum.train.2)
> colnames(result.mat)=names(data.cum.train.2)
```

```
> fit.clust4=hclust(as.dist(result.mat),method="single")
> plot(fit.clust4)
> abline(h=0.1,lty=2)
```

Cluster Dendrogram

as.dist(result.mat)
hclust(*, "single")

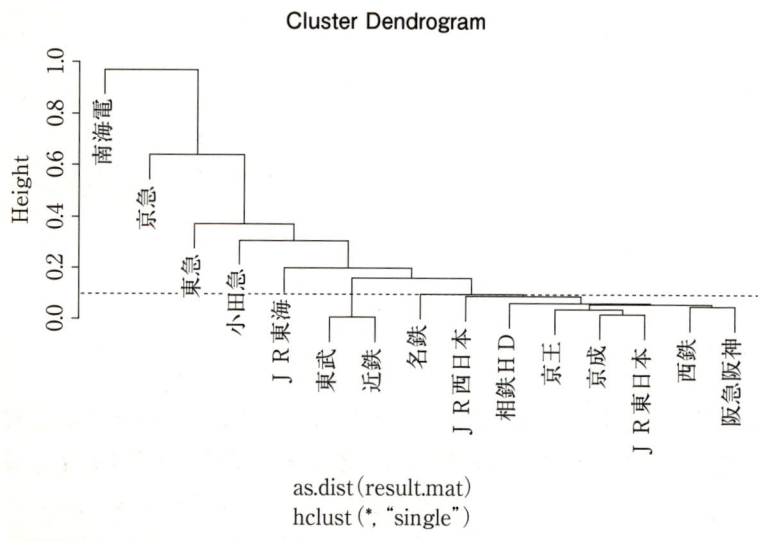

図 5-10 鉄道関連銘柄によるp値のデンドログラム

　図5-10が得られたデンドログラムです。たとえば、京成電鉄とJR東日本、東武と近鉄の組などのp値は非常に低いので残差系列には定常性がありそうです。それでは、京成電鉄とJR東日本の線形モデルを作り、残差の時系列図を描いてみましょう。

```
> lm.fit3=lm(data.cum.train.2[,7]~data.cum.train.2[,8])
> plot(Date,lm.fit3$resid,type="l")
> abline(h=0)
```

　1行目では、data.cum.train.2の7列目が京成電鉄、8列目がJR東日本の累積収益率になりますので、それらを選び出して関数lmを使い線形モデルを当てはめています。そして2行目で時系列図、3行目で水平線

を書き加えています。

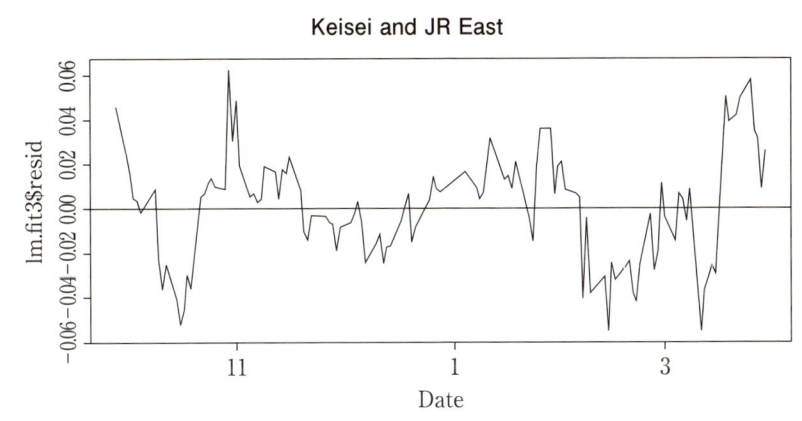

図5-11 京成をJR東日本に回帰した線形モデルの残差系列

図5-11を見る限り残差系列は所々で大きく振れていますが、数日から長くて1か月程度で0に回帰している様子が見てとれます。もし将来的にもこのような価格変動が続くならば、たとえば±0.05（5％）あたりを閾値にしてポジションを適宜設定すればそれなりの収益をあげられるでしょう[注12]。

このようにクラスタリングを使ったペアトレーディングのペア探索は視覚的で容易な方法です。しかし、問題点もあります。デンドログラムの末端の個体と個体の結びつきについては図から容易に判断ができますが、個体と群、群と群が結びついたときには、群内のどの個体とどの個体の距離が近いために結びついたのか図だけでは読み取れないからです。ですから、次のようなコードを書いて、条件に合致するペアの情報もデンドログラムと併せて出力すると便利です。

注12
本書は時系列モデルを活用した投資の可能性を示唆しているだけであり、読者に本書の内容に沿った株式投資を推奨しているわけではありません。

```
> for(i in 1:lnum){
+nn1=nums[1,i]
+nn2=nums[2,i]
+lm.results[[i]]=lm(data.cum.train.2[,nn1]~data.cum.train.2[,nn2])
+pv=adf.test(lm.results[[i]]$resid)$p.value
+if(pv<0.1){
+print(names(data.cum.train.2)[c(nn1,nn2)])
+}
+}
```

```
[1] "東武"   "近鉄"
[1] "相鉄HD" "阪急阪神"
[1] "京王"   "京成"
[1] "京成"     "JR東日本"
[1] "京成"     "JR西日本"
[1] "京成"  "西鉄"
[1] "西鉄"     "阪急阪神"
[1] "西鉄"  "名鉄"
```

　上の入力式は、残差系列のp値が0.1未満になる組み合わせを探索し、コンソールの上に出力させています。図5-10からでは読み取れなかった情報がいくつも表れていることがわかります。

　以上、時系列データの分析方法の基礎知識について簡単に紹介してきました。ここで扱った内容は、非常に初歩的なものばかりですので、もし本書を通じて時系列分析に興味をもったのであれば、参考書籍[1][2]のような本格的な時系列分析の書物を読んで勉強してみるとよいでしょう。

　Rにはさまざまな時系列分析の道具が搭載されています。そして、最新の分析手法がRのパッケージとして日々Rユーザーの手で追加されています。これらの多様な道具を組み合わせて、ぜひ時系列データにいろいろな事実を語らせてみてください。

付録 A

ファイナンス理論と統計数学

付録 A-1 収益率、対数差収益率と正規分布

　この付録 A-1 では、ファイナンスのデータ分析において証券価格の収益率が正規分布するという仮定がしばしばつけられる理由について、幾何ブラウン運動という確率過程を用いて数学的に説明します。

　観測した証券価格を S_t, $t=1, 2, \ldots$ とします。そのとき収益率 R_t は一般に

$$R_t = \frac{S_t - S_{t-1}}{S_{t-1}}, \quad t = 2, 3, \ldots \tag{A-1-1}$$

と表されます。一方、x が 0 に十分近いとき

$$\log(1+x) \approx x$$

という近似式が成り立ちます[注1]。この近似式は $x=0$ の近傍におけるテーラー展開

$$\log(1+x) = x + \frac{x^2}{2!} + \frac{x^3}{3!} + \cdots$$

から導かれます。ここで $x=R_t$ を近似式に代入すると

$$\log(1+R_t) \approx R_t$$

になります。左辺の式は

注1
≈記号は左辺と右辺が近似的に等しいという意味を表します。

$$\log(1+R_t) = \log\left(1 + \frac{S_t - S_{t-1}}{S_{t-1}}\right) = \log\left(\frac{S_t}{S_{t-1}}\right) = \log S_t - \log S_{t-1}$$

と変形できますから、

$$R_t \approx \log S_t - \log S_{t-1} \qquad (\text{A-1-2})$$

となります。つまり収益率は価格の対数差で近似できるというわけです。本書では（A-1-2）の右辺の式を対数差収益率と呼ぶことにします。

なお、対数差収益率に基づいて作られた理論にもかかわらず、データベンダーから提供された収益率データをそのまま使って計算しているという話をしばしば聞くことがあります。データベンダーが提供している収益率データは、配当の権利落ちや株式分割などの特別なイベントがない限り定義（A-1-1）に従って計算されていますので、もし対数収益率に基づいて作られた理論に当てはめたのならば、それは定義の違う値を代入して計算していることになります。もちろん、先の説明のように収益率と対数差収益率は近似的には等しいのですが、値が0から外れれば外れるほど近似精度は低下しますので、絶対値の大きい収益率が記録される金融危機時や好景気時は、より不正確な計算になってしまいます。この問題を避けるにはやはり収益率データを使わずに、価格データから対数差をとって使うべきでしょう。

さて話を戻します。そして、S_t は幾何ブラウン運動とよばれる確率過程に従うとします。そのとき S_t は次の確率微分方程式を満たします。

$$dS_t = \mu S_t dt + \sigma S_t dW_t \qquad (\text{A-1-3})$$

ここで、μ、σ は定数、W_t は標準ブラウン運動（ウィナー過程）に従います。この確率微分方程式は有名なブラックショールズモデルでも使われているので、実務の現場では証券価格をあらわすモデルとしてこの幾何ブラウン運動がよく使われています[注2]。なお、標準ブラウン運動とは次のような性質を満たす確率過程です。

> 1. $W_0 \equiv 0$
> 2. $0 \leq s < t < \infty$ に対して $W_t - W_s$ は平均 0、分散 $t-s$ の正規分布に従う。
> 3. $0 \leq s < t \leq u < v < \infty$ に対して $W_v - W_u$ と $W_t - W_s$ は互いに独立である。

このとき確率微分方程式（A-1-3）の解、つまり証券価格 S_t は

$$S_T = S_t \exp\left[\left(\mu - \frac{1}{2}\sigma^2\right)(T-t) + \sigma(W_T - W_t)\right], 0 \leq t \leq T$$

となるので、対数差収益率 $\log S_T - \log S_t$（$= Z$ とおく）は

$$\begin{aligned}
Z &= \log\left(\frac{S_t}{S_{t-1}}\right) \\
&= \log \exp\left[\left(\mu - \frac{1}{2}\sigma^2\right)(T-t) + \sigma(W_T - W_t)\right] \\
&= \left(\mu - \frac{1}{2}\sigma^2\right)(T-t) + \sigma(W_T - W_t)
\end{aligned}$$

となります。ここで $W_T - W_t$ は平均 0、分散 $T-t$ の正規分布に従いますので、Z も正規分布に従います。また、

$$E(Z) = \left(\mu - \frac{1}{2}\sigma^2\right)(T-t) + \sigma E(W_T - W_t) = \left(\mu - \frac{1}{2}\sigma^2\right)(T-t)$$
$$Var(Z) = \sigma^2 E(W_T - W_t)^2 = \sigma^2 (T-t)$$

> 注2
> いくつかのファイナンスの実証分析でも示されていますが、実際の株価は幾何ブラウン運動に従っていません。

となることから Z は平均 $\left(\mu - \dfrac{1}{2}\sigma^2\right)(T-t)$、分散 $\sigma^2(T-t)$ の正規分布に従います。

　以上のことからわかるように証券価格 S_t が幾何ブラウン運動に従うという仮定から、対数差収益率 Z が正規分布に従うことになり、さらに対数差収益率が収益率の近似になっていることから、収益率も正規分布に従うという論理が展開できます。このことが、いろいろな解析で「収益率は正規分布に従う」という仮定をおく理由の1つになっているようです[注3]。

注3
他にも収益率データのヒストグラムがよく正規分布の密度関数に似ているといった理由も聞かれます。確かに月次収益率データなどはよく似ていますが、日次の場合はt分布のような急尖的な形状をしています。

付録 A-2 線形モデル

線形モデルとは、確率変数 Y と $X_1, X_2, \ldots, X_p$ の間に次のような関係

$$Y = \alpha + \beta_1 X_1 + \beta_2 X_2 + \cdots + \beta_p X_p + \varepsilon$$

を仮定したモデルです。ただし、ε は観測し得ない確率変数で誤差項と呼ばれます。一般に関数 $y = f(x_1, x_2, \ldots, x_p)$ において $x_1, x_2, \ldots, x_p$ を独立変数、y を従属変数と呼ぶように、線形モデルでは $X_1, X_2, \ldots, X_p$ を説明変量、Y を被説明変量（反応変量）と呼びます。また、誤差項である確率変数 ε には次の仮定をおきます。

> 1. ε は平均 0、分散 σ^2 の正規分布に、独立に従う。
> 2. ε は、$X_1, X_2, \ldots, X_p$ と独立である。

ε に偏りがある（平均が0でない）場合には右辺の切片 α で吸収すればよく、誤差項に偏りがないという仮定は不自然ではありません。また、ε は、$X_1, X_2, \ldots, X_p$ で説明しきれないもの（誤差）として定義していますので、誤差と説明変量との間に関係性が何ら残されておらず独立であると考えることは自然なことだと思います。

以上が線形モデルの概要となりますが、以降では内容を簡潔にするために説明変量を一つにした**単回帰モデル** $Y = \alpha + \beta X + \varepsilon$ について詳しく説明しましょう。

単回帰モデルを、確率変数の実現値であるデータを用いて書き換えてみましょう。2つの変量ともに、それぞれ n 個の観測値：説明変量の観

測データ $\{x_1, x_2, \cdots, x_n\}$、被説明変数の観測データ $\{y_1, y_2, \cdots, y_n\}$ が与えられたときに、

$$y_i = \alpha + \beta x_i + \varepsilon_i$$

という関係があることを仮定します。

　単回帰モデルを利用する目的のひとつは、説明変数と被説明変数の関係性を表現することにあります。いま、両者の関係を表現している α と β は未知となっていますので、観測データを用いて α と β の値を推測する必要があります。なお、α と β がデータの添え字 i によらないことに注意してください。

　いま、誤差の実現値である ε_i は、添え字 i ごとに $\varepsilon_i = y_i - \alpha - \beta x_i$ という関係が成り立ちます。データの当てはまり具合を考慮すると、最適な推定値とは、全てのデータについての誤差の和が最小となるような α と β の組がふさわしいと考えられます。ただし、正負で打ち消しあった結果、誤差の和が最小となるような場合は望ましくないので、誤差の2乗の和を最小とする α と β を考えたいと思います。すなわち、

$$\sum_{i=1}^{n}(y_i - \alpha - \beta x_i)^2$$

を最小とするような α と β を求めたいと考えます。このような考え方にもとづく推定方法を、**最小2乗推定法**と呼び、得られた推定量 $\hat{\alpha}$ と $\hat{\beta}$ を**最小2乗推定量**と呼びます。

　なお、$\hat{\alpha}$ と $\hat{\beta}$ は2乗和を最小にするという目的から、それぞれ、

$$\hat{\alpha} = \frac{1}{n}\sum_{i=1}^{n} y_i - \hat{\beta} \cdot \frac{1}{n}\sum_{i=1}^{n} x_i$$

$$\hat{\beta} = \sum_{i=1}^{n}\left\{\left(x_i - \frac{1}{n}\sum_{i=1}^{n} x_i\right)\left(y_i - \frac{1}{n}\sum_{i=1}^{n} y_i\right)\right\} \bigg/ \sum_{i=1}^{n}\left(x_i - \frac{1}{n}\sum_{i=1}^{n} x_i\right)^2$$

と計算できます。

注1
なお、$\hat{\beta}$については、Xの分散 $Var(X)$ と、XとYの共分散 $Cov(X, Y)$ を用いて $\hat{\beta} = Cov(X, Y)/Var(X)$ としている教科書もありますが、本書ではデータを用いた推定値を直接記述しています。

付録 A-3 CAPM

リスク資産の評価モデルとして用いられるモデルの中に **CAPM** (Capital Asset Pricing Model) という数理モデルがあります。あるリスク資産（あるいはリスク資産からなるポートフォリオ）i の期待収益率 $E(R_i)$ と市場ポートフォリオ m の期待収益率 $E(R_m)$ との間には

$$E(R_i) = r_f + \beta_{i,m}(E(R_m) - r_f) \quad \text{(A-3-1)}$$

という関係が成立するという一種の数理モデルです。ここで市場ポートフォリオとは、株式市場に存在するすべての危険資産を時価総額の比率で保有するポートフォリオ、r_f は安全資産（無リスク資産）の利子率、$\beta_{i,m}$ は定数であり資産 i の市場ポートフォリオに対する感応度を指します。(A-3-1) 式を

$$E(R_i) - r_f = \beta_{i,m}(E(R_m) - r_f)$$

と書き直せば、左辺は資産 i の安全資産に対する超過収益率、右辺は市場ポートフォリオの安全資産に対する超過収益率となりますから、$\beta_{i,m}$ の値が大きいほど資産 i は市場の動向に対して敏感に反応するということを意味します。

CAPM はあくまでも理想的な市場の状況を仮定して導出された数理モデルですから、現実の市場が常にこのモデルに従っているわけではありません。現状がこのモデルにどの程度適合しているか調べるのであれば、R_m や R_i の時系列データ $r_{m,t}$ と $r_{i,t}$ から調べてあげる必要があります。

CAPM の推定の多くは、A-2 で説明した単回帰モデル（線形モデル）

$$Y = \alpha + \beta X + \varepsilon$$

を仮定して実行されます。ここで Y は資産 i の超過収益率、X は市場ポートフォリオの超過収益率を指します。実際の分析で市場ポートフォリオを観測することは困難ですから、その代理変数として、日本の株式市場であれば TOPIX、米国市場では S&P500 などがよく用いられます。そして、多くの場合、安全資産の代理変数としては国債の収益率が用いられます。この場合は安全資産のレートは時間変動する確率変数になりますから、厳密には CAPM ではなく次の数理モデル

$$E(R_i - R_f) = \beta'_{i,m} E(R_m - R_f)$$

を考えていることになります。なお、単回帰モデルの α は CAPM の中には登場してきませんが、実務的な解釈としては資産 i が持つ固有の特性という意味が与えられています。

　ファイナンスのデータ分析では、この CAPM のようにモデルには時間情報が入ってこなくても、当てはめの段階では時系列データを用いることがあります。これは、「収益率は独立同一分布からの標本であり、時間依存の構造は存在しない」という仮定の下でモデル化を行っているということを意味します。しかしながら、実際の収益率の系列は本書で見てきたように時間依存構造をもっていることがありますので、それを処理せず単に無視しただけの推定であれば、モデルに関する推定結果はすべて信頼できない値ということになりますので注意しましょう。

付録 A-4 定常なAR(1)モデルに従う確率変数列の基本統計量

ここでは、定常な AR(1) モデルに従う確率変数列 R_t の平均、分散、自己共分散、自己相関係数の計算法について説明します。R_t が AR(1) モデルに従うとは、

$$R_t = \mu + \phi_1 R_{t-1} + \varepsilon_t$$

で表現できることであり、AR(1) モデルが定常性を満たすためには $|\phi_1| < 1$ が必要です。

はじめに、AR(1) モデルを p 時点まで遡った表現である

$$R_t = \left(\sum_{k=0}^{p-1} \phi_1^k\right)\mu + \phi_1^p R_{t-p} + \left(\sum_{k=0}^{p-1} \phi_1^k \cdot \varepsilon_{t-k}\right) \tag{A-4-1}$$

に書き換えておきましょう。いま、R_t が定常性を満たすためには、以下の3点、

1. 平均が t によらない定数として与えられる。
2. 分散が発散せず t によらない定数として与えられる。
3. 自己共分散がラグ h にのみ依存する発散しない関数で表現できる。

を満たす必要があります。ここで、(A-4-1) の右辺の第1項目 $\sum_{k=0}^{p-1} \phi_1^k$ は公比 ϕ_1 の等比数列の和ですので、$\sum_{k=0}^{p-1} \phi_1^k = \dfrac{1-\phi_1^p}{1-\phi_1}$ と計算できます。定常性の条件である $|\phi_1|<1$ であれば、この等比数列の和は収束し、p を ∞ まで近づけた時の収束先は、

$$\frac{1-\phi_1^p}{1-\phi_1} \to \frac{1}{1-\phi_1}$$

で得られます。また、$|\phi_1|<1$ であれば、$p\to\infty$ のとき（A-4-1）の右辺の第2項目の係数も $\phi_1^p \to 0$ となります。以上をまとめると、（A-4-1）は

$$R_t = \frac{1}{1-\phi_1}\mu + \sum_{k=0}^{\infty}\phi_1^k \varepsilon_{t-k} \qquad (\text{A-4-2})$$

と書きかえることができます。

　ここで、平均について考えると、ε_t はホワイトノイズですので、$E(\varepsilon_t)=0$ であることを利用すると、

$$E(R_t) = \frac{1}{1-\phi_1}\mu$$

と計算できます。なお、$|\phi_1|<1$ であれば、分母は0にならず、常に正であることに注意してください。

　つぎに分散を考えましょう。（A-4-2）から、

$$Var(R_t) = E\left[\{R_t - E(R_t)\}^2\right] = E\left[\left(\sum_{k=0}^{\infty}\phi_1^k \varepsilon_{t-k}\right)^2\right]$$

と計算できます。この無限級数を考える前に、有限和 $\left(\sum_{k=0}^{p}\phi_1^k \varepsilon_{t-k}\right)^2$ を考えていきましょう。いま、ε_t はホワイトノイズという前提をたてているので、$h\neq 0$ のときに

$$E(\varepsilon_t, \varepsilon_{t-h}) = 0$$

が成り立ちます（異なる時点どうしの自己共分散が0ということです）。つまり、クロス項が0となるので、

$$E\left[\left(\sum_{k=0}^{p}\phi_1^k \varepsilon_{t-k}\right)^2\right] = E(\varepsilon_t^2) + \phi_1^2 E(\varepsilon_{t-1}^2) + \phi_1^{2\cdot 2} E(\varepsilon_{t-2}^2) + \phi_1^{2\cdot 3} E(\varepsilon_{t-3}^2)$$
$$+ \cdots + \phi_1^{2\cdot p} E(\varepsilon_{t-p}^2)$$
$$= \sigma^2 + \phi_1^2 \sigma^2 + \phi_1^{2\cdot 2}\sigma^2 + \phi_1^{2\cdot 3}\sigma^2 + \cdots + \phi_1^{2\cdot p}\sigma^2$$
$$= \sigma^2 \sum_{k=0}^{p} \phi_1^{2k} \quad (公比\phi_1^2の等比数列の和)$$
$$= \sigma^2 \frac{1-\phi_1^{2p}}{1-\phi_1^2}$$

と計算できます。ここで、$|\phi_1|<1$ に注意して p を ∞ に近づけていくと、

$$Var(R_t) = \frac{\sigma^2}{1-\phi_1^2} = \gamma_0$$

が得られます。ここでも、$|\phi_1|<1$ であれば、分母は0にならず、常に正であることに注意してください。

　最後に自己共分散について考えましょう。ラグ h の自己共分散を γ_h は、

$$\gamma_h = Cov(R_t, R_{t-h}) = E[\{R_t - E(R_t)\}\{R_{t-h} - E(R_{t-h})\}]$$
$$= E\left[\left(\sum_{k=0}^{\infty}\phi_1^k \varepsilon_{t-k}\right)\left(\sum_{k=0}^{\infty}\phi_1^k \varepsilon_{t-h-k}\right)\right] \quad \text{(A-4-3)}$$
$$= \sigma^2 \phi_1^h / (1-\phi_1^2) = \phi_1^h \gamma_0$$

と計算できます。右辺の ϕ_1 と γ_0 は定数ですので、ラグ h の関数になっていることに気をつけてください。なお、(A-4-3) の左辺と右辺を γ_0 で割れば、自己相関係数 ρ_h が得られます。

$$\rho_h = \frac{\gamma_h}{\gamma_0} = \phi_1^h$$

以上が、定常な AR(1) モデルに従う確率変数列の基本統計量になります。実際の分析でもよく利用するため、計算結果だけでも覚えておくとよいでしょう。

付録 B

R言語の基礎

本付録はRを使ったことがないユーザーや使ったことはあるがあまり慣れていないユーザー向けにRの基本的な内容を解説しています。各項目にはサンプルコードが入っていますので、自分でタイプしながら理解することを強く勧めます。Rに十分親しみのあるユーザーにとっては、あまりに初歩的なので飽きてしまう内容かもしれません。その場合はもちろん読み飛ばしてかまいません。

付録 B-1 ベクトル

Rにおいてアトミック[注1]なデータ構造はベクトルになります。単一の数値（いわゆるスカラー）でも見方を変えれば長さ1のベクトルと考えることもできますから、Rではあえて冗長なデータ構造を用意していません。これは、RのベースとなっているS言語の設計思想がそのまま受け継がれています。

Rでベクトル $(-1, 3.1, 5)^T$ を作るには、以下のように入力します。なお、記号 T は転置の記号を表しており、横に並んだベクトルについているときは縦に並べ直すという意味を、縦に並んでいるベクトルであれば横に並べ直すという意味を表します。数学では縦に並べるベクトルである列ベクトルが基本になりますので[注2]、Rでもそれを踏襲しています。

```
> c(-1,3.1,5)
[1]-1.0  3.1  5.0
```

上記の例にある c は、引数を結合（concatenate, combine）し、ベクトルとして返す関数です。ここで引数とは関数名直後のカッコの中で記述する数値や変数の並びのことで、この例では-1, 3.1, 5 という数字の並びがそれに当たります。R Console 上では表示スペースの都合で、あたかも行ベクトル（横ベクトル）のように表示されますが、R内部では列ベクトル（縦ベクトル）と認識されているので注意してください。実際、

注1 これ以上分解できない、最小のという意味。

注2 高校では座標の延長でベクトルを横に並べますが、大学以上の教科書では縦に並べるのが標準的です。

関数 as.matrix を使ってベクトルを強制的に行列オブジェクトに変換すると、

```
> as.matrix(c(-1,3.1,5))
     [,1]
[1,] -1.0
[2,]  3.1
[3,]  5.0
```

といった具合に、ベクトルを列ベクトルと見なした、1 列だけが存在する行列に変換されます。

この例のベクトル $(-1, 3.1, 5)^T$ をオブジェクト x に割り当てるには

```
> x=c(-1,3.1,5)
```

ないし

```
> x<-c(-1,3.1,5)
```

と入力します。そして、オブジェクト名をそのままプロンプトに入力すれば格納されている値が R Console 上にエコーバックされます。

```
> x
[1] -1.0  3.1  5.0
```

付録 B-2 データ型

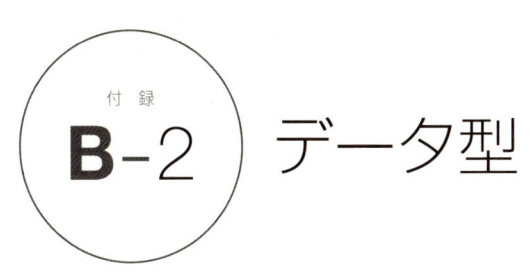

格納されている値に応じてベクトルには型が付与されます。与えられた型を確認するには関数 mode を用いてください。

・**実数型、複素数型**

ベクトルの値がすべて実数の場合、ベクトルには実数型 "numeric" が与えられます。そして、複素数の場合は型 "complex" が与えられます。なお虚数 $3+4i$ は R 上で 3+4i と表されます。

```
> x1=3+4i
> x1
[1]3+4i
> mode(x1)
[1]"complex"
```

・**文字列型**

文字列をデータとして扱うためには、文字列をダブルクォート""で囲みます。たとえば、2つの文字列「技術評論社」と「R」を要素にもつベクトル x2 を作成するには以下のように入力します。

```
> x2=c("技術評論社","R")
> x2
[1]"技術評論社"    "R"
> mode(x2)
[1]"character"
```

なお、文字列型のベクトルには、この例のように "character" というデータ型が変数に割り当てられます。

・論理型

R上の論理値には真と偽を示すTRUE, FALSEがあります。この2つの値は、それぞれT、Fと省略記法が使えます。

```
> x3=c(FALSE,TRUE,F,T)
> x3
[1]FALSE  TRUE FALSE TRUE
> mode(x3)
[1]"logical"
```

・型の強制変換

1つのベクトルに異なる型のデータを混在させると、型の強制変換（coerce）が行われます。変換のルールは非常にシンプルです。型には文字型、複素数型、数値型、論理型の順に変換の優先順位が与えられているので、優先順位の高い型にあわせて強制変換されるだけです。たとえば、数値と複素数型の混在であれば、優先順位の高い複素数型にあわせて数値を複素数に強制変換します。

```
> c(x,x1)
[1]-1.0+0i  3.1+0i  5.0+0i  3.0+4i
```

以下は、文字型と論理型、数値型と論理型の混在の例です。

```
> c(x2,x3)
[1]"技術評論社"  "R"  "FALSE"  "TRUE"  "FALSE"  "TRUE"
> c(x,x3)
  [1]-1.0  3.1  5.0  0.0  1.0  0.0  1.0
```

論理型のデータはそれぞれの例で文字型と数値型に変換されていることがわかります。ここでFALSEは0, TRUEは1に変換されている点に注意してください。この論理値と数値の対応は、他のプログラミング言語、たとえばC言語などとも同様になっています。

付録 B-3 因子変量

　因子変量とは、A、B、Cや大、中、小のような類別のために使われる変量のことです。Rではこの因子変量を文字列型ベクトルとしては扱わず、特別なクラスfactorを用意して、因子オブジェクトとして取り扱います。たとえばRを使ってCSV形式データを取り込む場合、文字列で表されたデータ列は自動的に因子変量と判断されRに取り込まれます。

　R内で作った文字列ベクトルを因子変量にするには、関数factorを使います。

```
> f=c("a","b","c","a","c")
> f=factor(f)
> f
[1] a b c a c
Levels: a b c
> mode(f)
[1] "numeric"
> class(f)
[1] "factor"
> attributes(f)
$levels
[1] "a" "b" "c"

$class
[1] "factor"
```

　上記の入力例のように、因子変量は、その見かけ上、文字列型のベクトルに見えますが、modeの結果を見てもわかるように型は"numeric"であり、いわゆる実数型のベクトルです。しかしながら、通常の実数型のベクトルとは異なり、水準を示す属性levelsとオブジェクトクラスを示す属性classを持っています。この属性levelsは例のオブジェクト

fであれば、実は出現順である1,2,3という数値から文字表現"a"，"b"，"c"への対応を与えています。つまり、実数型のベクトル $(1,2,3,1,3)^T$ を文字列型のベクトル("a","b","c","a","c")のように見せる仕掛けそのものです。そして属性classは"factor"の値を持っておりこの数値ベクトルfが明示的に因子変量であることを示しています。

通常の因子変量は、大、中、小やL, M, Sのように類別以外に順序の関係も保持していることがあります。この順序関係を意識して因子変量を取り扱いたい場合は、関数orderedを使うことで、因子変量を順序因子変量に変換することもできます。

```
> o=c(1,2,3,1,3)
> o=ordered(o)
> o
[1] 1 2 3 1 3
Levels: 1<2<3
> mode(o)
[1] "numeric"
> class(o)
[1] "ordered" "factor"
> attributes(o)
$levels
[1] "1" "2" "3"
$class
[1] "ordered" "factor"
```

付録 B-4 時間

　時間は基数系という特殊な構造を持っている変量です。たとえば、年月日の繰り上げ規則を考えてみれば、月の最終日は 28、29、30、31 日のいずれかであり、月によって変化します。つまり、10 進法のような単純な繰り上げ規則ではありません。ですから、データの段階では文字列や数値の並びとして、1 列ないし複数の列で構成します。一方、R では 1 つの時間に関する変量は 1 つのベクトルで表現します。その仕掛けは因子変量と同様で、内部的な型は数値、オブジェクトクラスは"Date"になっています。

　時間に関するデータを R にインポートした場合、残念ながら factor オブジェクトと誤認識されてしまうことがほとんどです。この場合、factor オブジェクトをいったん文字列ベクトルに戻したあと、as.Date 関数に渡すと簡単に直すことができます。なお、関数 as.Date には文字列ベクトル以外に文字列の構成、つまり YYYY/mm/dd や yy-mm-dd のような基数系構成に関する識別表現を与える必要があります。これらの規則の詳細については、各自でヘルプを参照してください。以下は年月日の変換例になります。

```
> as.Date("2001-01-31")
[1] "2001-01-31"
> as.Date("2001/01/31","%Y/%m/%d")
[1] "2001-01-31"
> as.Date("01/01/31","%y/%m/%d")
[1] "2001-01-31"
```

付録 B-5 ベクトルの要素取得と削除

　ベクトルの特定の要素へアクセスするもっとも単純な方法は、要素番号の指定です。具体的にはベクトル object に対して、要素番号が並んでいるベクトルを次の形式で与えます。

```
> object[要素番号を示すベクトル]
```

　たとえばベクトル a から 2 番目と 4 番目の要素を取り出すには、a[c(2,4)] と入力します。

```
> a=c(3,5,NA,12)
> a[c(2,4)]
[1]  5 12
```

　なお、単一の要素を取り出す場合、[ ] 内の関数 c の記述は不要です。さらに、要素番号にマイナス記号を与えると、ベクトルから該当する要素を取り除くことができます。

```
> a[-3]
[1]  3  5 12
```

　上記の出力結果から、確かに 3 番目の要素が削除されていることがわかります。
　要素番号のベクトルの代わりに、論理型ベクトルを与えることもできます。具体的には必要な要素を T, 不要な要素を F とした対象のベクトルと同じ長さ（要素数）の論理ベクトルを作り、それを演算子 [ ] 内に与えます。

```
> a[c(T,F,F,T)]
[1]  3 12
```

　この方法を用いれば、特定の値以上の要素を取り出すといった比較演算子や論理演算子を用いた演算の結果をそのまま演算子 [ ] に渡すことができます。次の例を見てみましょう。

```
> a>4
[1]FALSE TRUE    NA TRUE
> a[a>4]
[1]  5 NA 12
> a[!is.na(a)]
[1]  3  5 12
```

　最初の式はベクトルの要素が 4 より大きな値か調べた結果を示しています。そして、その結果は欠損を含む論理型のベクトルになっています。2 式目のように、先の論理演算の結果を [ ] の中に渡せば、4 より大きな値だけがベクトル a から抜き出せます。最後の式は否定の論理演算子 ! と NA か否かを判定し論理値を返す関数 is.na を組み合わせて、欠損値を取り除く作業を行っています。

付録 B-6 ベクトルの演算

同じ長さのベクトル同士に対して四則演算（＋（和）、－（差）、＊（積）、／（商））を適用すると、要素ごとに計算を行います。

```
> a1=1:4
> a2=5:8
> a1
[1] 1 2 3 4
> a2
[1] 5 6 7 8
> a1+a2
[1]  6  8 10 12
> a1-a2
[1] -4 -4 -4 -4
> a1*a2
[1]  5 12 21 32
> a1/a2
[1] 0.2000000 0.3333333 0.4285714 0.5000000
```

なお、Rは長さが異なるベクトル同士に対しても、何らかの工夫をして自動的に演算を行います。たとえば長さ4のベクトルに長さ2のベクトルを足してみましょう。

```
> a1+c(1,2)
[1] 2 4 4 6
```

この例では長さ2のベクトル $(1,2)^T$ の要素を繰り返して長さ4のベクトル $(1,2,1,2)^T$ に変換し、和の演算していることがわかります。他の事例に対しては各自でいろいろ入力してみて確かめてください。

付録 B-7 行列

Rにおいて行列を作成する方法は主に2つあります。1つは関数 matrix を用いる方法、もう1つは、複数のベクトルを関数 cbind, rbind で結合する方法です。それでは次の行列 A を2つの方法で作成してみましょう。

$$A = \begin{pmatrix} 1 & 2 & 3 \\ 2 & 4 & 6 \\ 3 & 6 & 9 \end{pmatrix}$$

まずは関数 matrix を使って作成してみます。引数はベクトルおよび、行数 nrow、列数 ncol になります。

```
> a=c(1:3,2*(1:3),3*(1:3))
> a
[1] 1 2 3 2 4 6 3 6 9
> A=matrix(a,nrow=3,ncol=3)
> A
     [,1] [,2] [,3]
[1,]    1    2    3
[2,]    2    4    6
[3,]    3    6    9
```

さらに、行列オブジェクトを詳しく理解するために、mode、attributes、class を使い、型、属性、オブジェクトクラスを調べて、ベクトルのそれと比較してみましょう。

```
> mode(A)
[1] "numeric"
> mode(a)
[1] "numeric"
> attributes(A)
```

```
$dim
[1] 3 3
> attributes(a)
NULL
> class(A)
[1] "matrix"
> class(a)
[1] "numeric"
```

ベクトルの場合、型とオブジェクトクラス名は一致します。そのため、ベクトル a の型とクラス名はともに "numeric" となっていますが、行列 A の場合はクラス名が "matrix" になっています。さらに行列 A には次元属性 dim がありますが、ベクトル a にはありません。ちなみに dim は行列の行数と列数を示す属性になります。

実はこの dim 属性がベクトルと行列の違いを与えている属性になります。実際、ベクトル a に対して、関数 attributes を使って属性 dim を与えると、オブジェクトクラスも "matrix" に自動的に変更され、ベクトル a は行列に変容します。

```
> attributes(a)=list(dim=c(3,3))
> a
     [,1] [,2] [,3]
[1,]    1    2    3
[2,]    2    4    6
[3,]    3    6    9
> attributes(a)
$dim
[1] 3 3
> mode(a)
[1] "numeric"
> class(a)
[1] "matrix"
```

なお、次元属性を与える際に用いた関数 list はリスト構造をもつデータを生成する関数になります。リスト構造と関数 list の使い方については B-10 で詳しく説明します。

今度は関数 rbind や cbind を使って行列を作成しましょう。これらの

関数を使って行列を作成するには、行ベクトルないし列ベクトルを先に用意する必要があります。そして、関数 rbind はそれらのベクトルを行ベクトルとみなして、また、関数 cbind は列ベクトルとみなして、それらのベクトルを結合し行列として返します。以下は関数 cbind を用いた行列 A の作成方法です。

```
> a1=1:3
> a2=2*(1:3)
> a3=3*(1:3)
> A=cbind(a1,a2,a3)
> A
     a1 a2 a3
[1,]  1  2  3
[2,]  2  4  6
[3,]  3  6  9
```

なお、この方法で行列を作成すると、行や列の名前（次元名）として使われたオブジェクト名がそのまま利用されます。たとえば上の例では a1, a2, a3 という列名がついていることがわかります。これは次元名と呼ばれ、関数 dimnames でも確認することができます。

```
> dimnames(A)
[[1]]
NULL

[[2]]
[1]"a1" "a2" "a3"
```

1つ目の NULL は行名を、2つ目のベクトルは列名を表しています。ちなみに、この次元名を変更し、関数 matrix で作成した行列 A と同様に無名の表示にするには、2つ目の列名を空値（NULL）にします。

```
> dimnames(A)[[2]]=NULL
> A
     [,1] [,2] [,3]
[1,]   1    2    3
[2,]   2    4    6
[3,]   3    6    9
```

付録 B-8 行列の要素へのアクセス

行列の各要素へのアクセスはベクトル同様 [ ] を用います。ただし、[ ] には行番号と列番号の組をカンマ区切りで入力します。

```
> A
     [,1] [,2] [,3]
[1,]    1    2    3
[2,]    2    4    6
[3,]    3    6    9

> A[1,3]
[1] 3
> A[3,2]
[1] 6
```

さらに、特定の行ないし列をそのまま取り出すには、列番号ないし行番号を省略します。

```
> A[1,]
[1] 1 2 3
> A[,3]
[1] 3 6 9
```

この例では [1,] と指定することで 1 行目を、そして [,3] と指定することで 3 列目を取り出していることがわかります。

行や列の取り出しも重要ですが、行列計算では行列の対角要素を取り出したいときもよくあります。その場合には関数 diag を利用すれば容易に取り出すことが可能です。

```
> diag(A)
[1] 1 4 9
```

なお、関数 diag は引数が行列の場合はこの例のように対角成分をベクトルとして返しますが、引数にベクトルを与えるとそのベクトルを対角要素とする行列を作成してくれます。

```
> diag(c(1,4,9))
     [,1] [,2] [,3]
[1,]    1    0    0
[2,]    0    4    0
[3,]    0    0    9
```

ここではベクトル $(1,4,9)^T$ を関数 diag に与えることで対角要素が順に 1,4,9 となっている行列を作成しています。

付録 B-9　行列の演算

　行列の四則演算は、同じ行数と列数をもつ行列同士でのみ成立します。そして演算はベクトル同様、要素同士で行います。ただし、*は行列積ではなく要素同士の積を表しますので、通常の行列積を計算する場合は演算子%*%を用いてください。以下は行列どうしの計算例になります。

```
> A
     [,1] [,2] [,3]
[1,]    1    2    3
[2,]    2    4    6
[3,]    3    6    9
> B=matrix(1:9,3)
> B
     [,1] [,2] [,3]
[1,]    1    4    7
[2,]    2    5    8
[3,]    3    6    9

> A+B
     [,1] [,2] [,3]
[1,]    2    6   10
[2,]    4    9   14
[3,]    6   12   18
> A-B
     [,1] [,2] [,3]
[1,]    0   -2   -4
[2,]    0   -1   -2
[3,]    0    0    0
> A*B
     [,1] [,2] [,3]
[1,]    1    8   21
[2,]    4   20   48
[3,]    9   36   81
> A/B
     [,1] [,2]    [,3]
```

```
[1,]    1  0.5 0.4285714
[2,]    1  0.8 0.7500000
[3,]    1  1.0 1.0000000
> A%*%B
     [,1] [,2] [,3]
[1,]   14   32   50
[2,]   28   64  100
[3,]   42   96  150
```

付録 B-10　リストとその操作

Rでは型やクラスの異なる複数のオブジェクトを1つのオブジェクトとして扱うためのデータ構造としてリストが用意されています。リストはいわゆるツリー構造をしたオブジェクトで、枝としてベクトル、行列、リストなどあらゆるオブジェクトを持つことができます。

以下は数値と文字列型のベクトルが混在するリストの例です。

```
> name1=c("Ryo","Yuta","Hideki")
> name2=c("Ishikawa","Ikeda","Matsuyama")
> age=c(21,27,21)
> tour="JGTO"
> golfer=list(First=name1,Family=name2,Age=age,Affiliation=tour)
> golfer
$First
[1]"Ryo"      "Yuta"      "Hideki"

$Family
[1]"Ishikawa"   "Ikeda"    "Matsuyama"

$Age
[1]21 27 21

$Affiliation
[1]"JGTO"
> mode(golfer)
[1]"list"
> class(golfer)
[1]"list"
```

この例では長さも型も異なる複数のベクトルが1つのリストとして組織化されています。そして、型を返す関数 mode、オブジェクトとしてのクラスを返す関数 class はともに"list"を返しています。それでは1つ目の枝 First にアクセスしてみましょう。ここでは明示的に名前を使っ

てアクセスします。名前でアクセスする場合は次のように＄演算子を用います。

```
> golfer$First
[1] "Ryo"     "Yuta"     "Hideki"
```

確かに First の枝の内容が取り出せました。今度は枝番号を用いたアクセスを試しましょう。番号でアクセスするには通常 [[ ]] 演算子を用います。ここでは4つ目の枝 Affiliation にアクセスしてみましょう。

```
> golfer[[4]]
[1] "JGTO"
```

目的通り"JGTO"という値が返ってきました。

＄演算子や [[ ]] 演算子はデータ操作には欠かせないものです。本書の中でも頻繁に出てきますのでよく理解しておいてください。

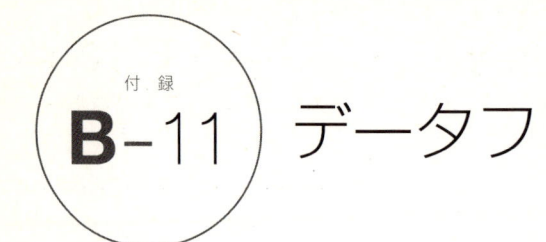

付録 B-11 データフレーム

　データフレームとは、行列とリストの性質を併せ持つR特有のデータ構造です。オブジェクト指向の言葉で言えば、データフレームクラスはリストクラスの拡張であり、リストとしての操作に加え、行列としての操作が定義されています。

　リストでは複雑な入れ子構造でのデータ保持を許していましたが、データフレームでは行列としてのデータ操作を実現するために、同じ長さのベクトルを末端の葉としてもつ単純な構造に限定されています。以下の例に出てくるデータは、Rの内部データセットで、統計学の教科書には必ず出てくるフィッシャーのあやめデータです。

```
> data(iris)
> iris
    Sepa.Length Sepal.Width Petal.Length Petal.Width  Species
1          5.1         3.5          1.4         0.2   setosa
2          4.9         3.0          1.4         0.2   setosa
3          4.7         3.2          1.3         0.2   setosa
…(省略)…
> mode(iris)
[1]"list"
> class(iris)
[1]"data.frame"
```

　関数 mode の結果を見てわかるように、データフレームオブジェクト iris の型は "list" になっています。その一方、関数 class は "data.frame" を返しています。つまり、Rの内部的には、このオブジェクトクラス "data.frame" の値によってリストオブジェクトとデータフレームの区別を与えています。

　データフレームオブジェクトではデータの各要素へのアクセスとし

て、リストとしての $、[[ ]] 演算子はもちろん、行列としての [ ] 演算子も利用することができるようになっています。たとえばデータフレーム iris の 2 列目を取り出すには、

```
> iris$Sepal.Width
> iris[[2]]
> iris[,2]
```

などの複数のやり方が存在します。また、関数 attach を使い iris というデータフレームを検索リストに登録することで列名だけで取り出すことも可能です。

```
> attach(iris)
> SepalWidth
```

この方法は便利ですが、続けざまにデータフレームを検索リストに登録すると、現時点で何が検索リストに登録されているかわからなくなります。データフレームが不要なときはすぐに次のコマンドを入力して検索リストからデータフレームの登録を抹消しましょう。

```
> detach(2)
```

関数 detach は登録したデータフレームを検索リストから外すコマンドです。通常、attach はデータフレームを 2 番目に登録するので、引数として明示的に 2 を渡しています。不要なデータフレームがどこに登録されているか調べたいときは search( ) と入力するとよいでしょう。

今度は 3 行 1 列目の要素を取り出してみましょう。

```
> iris$Petal.Length[1]
> iris[[3]][1]
> iris[1,3]
```

1 行目と 2 行目は取り出した列をベクトルと考えて [ ] 演算子で 1 番目

の要素を取り出しています。3行目のやり方では [ ] 演算子で行番号と列番号を直接指定しています。

　このようにデータフレームは操作性に優れています。そのため、CSV などのテキストファイルから R へ取り込まれたデータは、自動的にデータフレームに変換、保存されます。

付録 B-12 データのインポート、エキスポート

　Rでデータ解析を始めるためには、データをRへ取り込む必要があります。テキスト形式のデータであれば関数 read.table が使えます。この関数は、タブ区切りやカンマ区切りなどの自由欄形式でデータが記述されているテキストファイルからデータを取り込むために用意されています。使用するときには、明示的に列を区切るセパレータを引数 sep に与える必要があります。また、テキストファイルの1行目、いわゆるヘッダーが列名を表しており、そのままデータフレームの列名として使いたいときには引数 header に TRUE を与えます。

　たとえば、.RData と同じディレクトリ（フォルダ）にあるタブ区切りのテキストファイル data.txt をRにインポートし x.d に保存するには

```
> x.d=read.table("data.txt",sep="¥t")
```

と入力します。ここで ¥t は特殊文字でタブ記号を表しています。なお、ファイル名は .RData のあるディレクトリからの相対パス、またはルートディレクトリからの絶対パスで記述してもかまいません。

　カンマ区切りのデータ形式である CSV（Comma Separated Values）形式は表計算ソフトウェアなどの多くのソフトウェアにおいて、データのエキスポート形式としてよく使われるので、Rでは専用の読み込み関数 read.csv が用意されています。逆に、データフレームオブジェクトをテキストファイルに出力する関数としては、write.table や write.csv が用意されています。詳細についてはヘルプを参照してください。

付録 B-13 関数

　Rは関数を組み合わせたプログラムです。そして、実は演算子や条件式なども内部的には関数を通して処理されています。たとえば四則演算の+の定義について関数 get を使って調べると次のようになります。

```
> get("+")
function(e1,e2)  .Primitive("+")
```

この定義を見る限り、演算子+は e1 と e2 という2つの引数を持つ関数で、処理は .Primitive を呼び出すことで実行されています。他にもリストの枝を取り出す演算子 [[ ]] や条件式を表す if も

```
> get("[[")
.Primitive("[[")
> get("if")
.Primitive("if")
```

という形で、構文解析の段階で .Primitive という内部関数を呼び出していることがわかります。このように、Rの内部では関数が重要な役割を占めています。

　Rにおいて関数は、関数型"function"をもち、"function"クラスのオブジェクトとして扱われます。たとえば、ベクトルを作成する関数 c では

```
> mode(c)
[1]"function"
> class(c)
[1]"function"
> attributes(c)
NULL
```

というプロパティを持っていることがわかります。

もし関数を自分で定義する場合は

```
function(カンマで区切った引数の並び){
        処理1
        処理2
        ...
}
```

と入力します。関数の引数は function の宣言のあとのカッコの中にカンマ区切りで並べます。関数での各処理は波カッコ { } の中に改行を区切りとして記述し、上から順に実行されます。処理の区切りは、改行の代わりセミコロン；も使えます。なお、関数から返り値が必要なときは、一連の処理の最後に、明示的に return（返り値オブジェクト）の1行を加えることもできます。また、波カッコの中の処理が1つの式で表される場合は、波カッコを省略してかまいません。

例として3つの引数 x, y, z を2乗してその和の平方根を返す関数 d2 を作ってみます。

```
> d2=function(x,y,z){
        ans=sqrt(x^2+y^2+z^2)
        return(ans)
}
> d2(1,3,9)
[1]9.539392
```

R は統計解析のための言語ですので、数学に関する初等関数が初めから用意されています。以下はその代表的な関数です。

絶対値 abs、指数関数 exp、正弦関数 sin、余弦関数 cos、正接関数 tan、ガンマ関数 gamma、自然対数関数 log、常用対数関数 log10、最大値関数 max、最小値関数 min、数値の丸め、切り上げ、切り捨て操作に関する関数 ceiling、floor、trunc、round

Rには確率分布に関する関数も用意されています。以下はその表です。ただし*部分には p、q、d、r のいずれかの文字が入ります。p が入った場合は累積分布関数、q が入った場合は確率点、d は確率密度関数（確率関数）、r が入った場合は乱数の計算をします。

ベータ分布*beta、2項*binom、コーシー分布*cauchy、カイ自乗分布*chisq 指数分布*exp、F分布*f、ガンマ分布*gamma、幾何分布*geom、超幾何分布*hyper、対数正規分布*lnorm、ロジスティック分布*logis、多項分布*multinom、負の2項分布*nbinom、正規分布*norm、ポアッソン分布 pois、t分布*t、一様分布*unif、ワイブル分布*weibull、ウィルコクソン分布*wilcox

---

たとえば標準正規分布にしたがう乱数を100個取得するならば rnorm(100,0,1) とします。ここで2つ目、3つ目の引数はそれぞれ平均と標準偏差の値になります。これらの関数の詳しい使い方についてはRのヘルプを参照してください。

付録 B-14 繰り返し処理のfor文、条件分岐のif文

繰り返し同じ作業をする必要がある場合、Rではfor文を用いることでコマンド入力の労力を減らせることがあります。for文の構文は次の通りです。

```
for(変数 in 式1){
    処理1
    処理2
    ...
}
```

Rのfor文ではまず式1が評価されます。そして、その結果が複数の要素を持つならば、「1つ目の要素を変数に入れて処理1、処理2、… を実行」、「2つ目の要素を変数に入れて処理1、処理2、… を実行」という具合に繰り返し処理を行っていきます。たとえば

```
> for(i in 1:4){
  print(paste("Number:",i))
  }
[1]"Number: 1"
[1]"Number: 2"
[1]"Number: 3"
[1]"Number: 4"
```

とすると変数iに1から4の値を順に入れてprint(paste("Number:",i))を実行します。ここで関数pasteは引数のベクトルの各要素を、スペースをセパレータとして結合します。そして関数printは引数をターミナルへ出力（いわゆる標準出力）します。ですからここではNumber:という文字列とiの中身をスペースを挟んで結合し、4回ターミナルへ出力しています。

if文は条件分岐のために使います。基本的な構文は次の通りです。

```
if(論理式1){
        処理の並び1
}else if(論理式2){
        処理の並び2
}else{
        処理の並び3
}
```

論理式にはTRUEないしFALSEを返す式（処理）が入ります。TRUEが返ってきた場合のみ波カッコ内の処理が実行されます。ここでの「処理の並び」とは、改行ないしセミコロンで区切られている複数の処理のことを指します。もし処理が1つの式だけで記述できる場合は、波カッコの記述は不要です。else ifの部分は2つ目の条件分岐を表します。else ifを繰り返し並べれば3つ目、4つ目といった条件分岐をさらに加えることができますし、逆に1つの条件分岐だけでよければelse ifは不要になります。最後に並んでいるelseの部分は、一連の条件分岐でどの条件にも合致しない場合に実行すべき処理を記述します。この部分も不要であれば省略が可能です。

以下はif文を使ったサンプルコードです。objがもし空値であれば1つ目の条件に合致するので、"This is NULL."がR Console上へ出力されます。objがもし欠損値NAならば、"This is NA."が出力されます。そして、それ以外の値であればobjの中身を評価してR Console上へ出力します。

```
if(is.null(obj)){
        print("This is NULL.")
}else if(is.na(obj)){
        print("This is NA.")
}else{
        print(obj)
}
```

付録 B-15 ヘルプの呼び出し

　Rはデータ解析のためのさまざまな関数を備えています。ライブラリとして配布されているものも含めれば、その数は膨大で1人ですべてを理解することは困難でしょう。ですから、Rを使いこなすことと、ヘルプ機能を使いこなすこととはほぼ同義と言えるでしょう。

　関数のヘルプを呼び出すには？関数名と入力するか、help("関数名")と入力します。たとえば、関数 c を調べるのであれば、

```
> ?c
> help("c")
```

と入力すれば、デフォルトで使っているブラウザが起動し、そこに関数 c のヘルプが表示されます。

　関数名以外にも、パッケージ名や内部セットのデータ名を入力しても、関連するヘルプが表示されますので、Rの操作で何か困ったことがあったときには積極的にヘルプを使いましょう。

付録 B-16 グラフ描画の基本関数 plot

　Rでグラフを描画する場合に使う基本関数が plot です。そして関数 plot の最も基本的な使い方は次のような2次元散布図の描画になります。

> plot(x座標のデータを示すオブジェクト、y座標のデータを示すオブジェクト)

　それでは実際に2次元散布図をプロットしてみましょう。下記のコマンドを入力すると図B-1が得られます。

```
> plot(c(1,4,5,8,10),c(8,5,2,0,1))
```

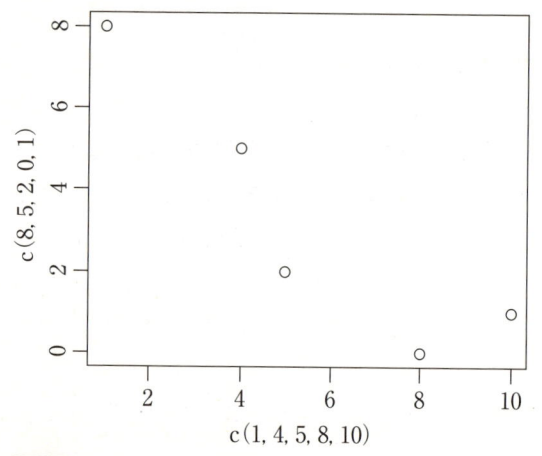

図 B-1　plot による散布図 1

　関数 plot の引数に1つのデータベクトルのみが与えられた場合、x軸のデータが省略されたとみなされ、x軸のデータの代わりに自動的に1から順の整数が INDEX として割り当てられます。

```
> plot(c(8,5,2,0,1))
```

図 B-2 は上記コマンドを入力した結果です。x 軸の指定を省略したことで自動的に INDEX に変わっていることがわかります。

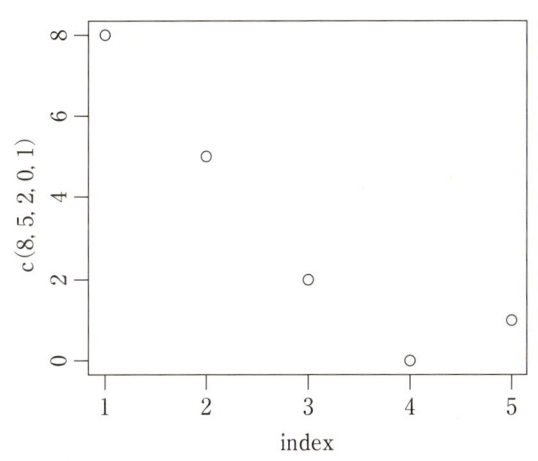

図 B-2 plot による散布図 2

関数 plot では引数 type を使うことで線の種類を変えることができます。たとえば、type="l"（エル）と指定すると散布図ではなく図 B-3 のような折れ線グラフを表示します。他にも"b"を指定すると点と線を組み合わせたプロット、"h"を指定すると点から x 軸に垂線を引いたプロットなどが描けます。その他の線種については R のヘルプを参照してください。

type による線種指定以外にも以下のようなオプション指定がよく使われます。

- xlab、ylab：x 軸、y 軸のラベルを指定できます。
- main：図のメインタイトルを指定します。
- sub: 図のサブタイトルを指定します。
- col：点線の色を指定します。数字で指定する場合は 1 から順に「黒、

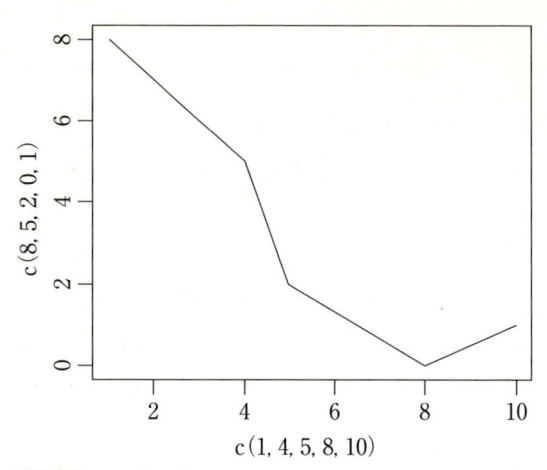

図 B-3 折れ線グラフ

赤、緑、青、水色、紫、黄、灰」となります。また、"red"や"blue"などの色名、RGBでの指定、16進数での指定できます。使える色は関数colors( )で調べることが可能です。

- col.axis, col.lab, col.main, col.sub：軸、ラベル、タイトル、サブタイトルの色を指定できます。
- xlim、ylim：x軸、y軸の描画範囲を指定します。長さ2のベクトルを使って範囲の端点を示します。
- lty：線のタイプを数字で指定します。0はなし、1は実線、2はダッシュ、3はドット、4はドットとダッシュ、5は長いダッシュ、6はツーダッシュです。
- pch：プロットのマーカーを変化させることができます。0は□、1は○、2は△など、0から25までの図形が指定できます。また、pchに文字列を与えることで、図形の代わりに文字をマーカーとして使うことも可能です。

それではこれらのオプションの一部を使った図を描いてみましょう。

```
> plot(c(1,4,5,8,10),c(8,5,2,0,1),type="b",main="Title1",xlab="X",ylab="Y",col=2,xli
```

```
m=c(0,20),ylim=c(-10,10))
```

コマンド入力の結果、図 B-4 が得られたはずです。

また、図に重ね描きするには関数 lines が使えます。関数 lines の使い方は基本的に関数 plot と同じです。以下のコマンドを入力すれば図 B-5 が得られます。

```
> lines(c(1,4,6,8,10),c(-10,-5,0,5,10),col="blue")
```

単に直線を重ね描きするだけであれば、関数 abline を利用すると簡単です。

```
> abline(1,2)
> abline(h=0)
> abline(v=1)
```

上記のコマンドを入力すれば、順に $y=2x+1$ の直線、$y=0$ の直線、$x=1$ の直線が元にあるグラフに重ね描きされます。

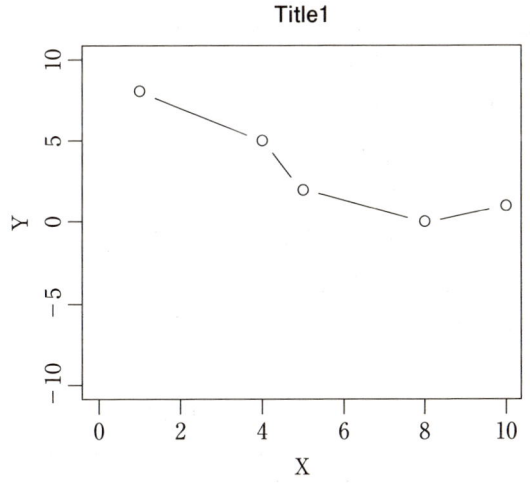

図 B-4 いろいろなオプションを使った図

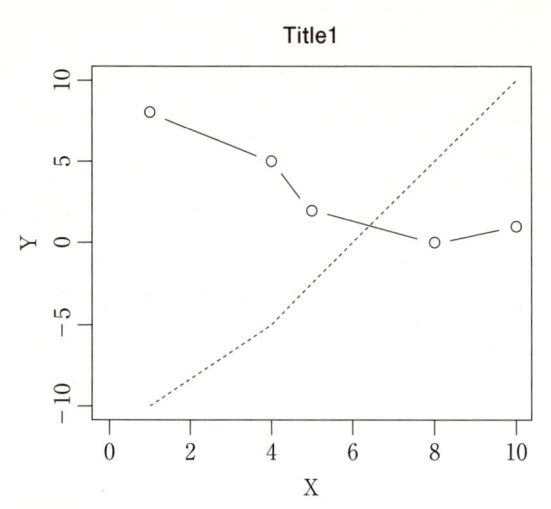

図 B-5 lines で重ね描きした図

　関数 plot は、軸に対応するデータを指定する以外にも、モデルを当てはめた際にできたオブジェクト（ここではモデルオブジェクトと呼ぶことにします）、たとえば関数 lm を使って線形モデルを当てはめたときにできた lm オブジェクトを引数にとることもできます。もちろん、すべてのモデルオブジェクトに対して関数 plot が使えるわけではありませんが、ほとんどすべてのオブジェクトで用意されていますので、当てはめを行った際は試してみるとよいでしょう。

　R のグラフィックウィンドウ（正確には R Graphic Device）に描いた図を消すには

```
> plot.new()
```

と入力します。また、新たなグラフィックウィンドウを立ち上げるには

```
> x11()
```

と入力します。これは、いくつかのグラフを同時に比較する際にとても便利なコマンドですので、ぜひ活用してください。

参考文献

[1] 『時系列解析入門』、北川源四郎著、2005 年、岩波書店
[2] 『時系列解析』、J. D. ハミルトン著、2006 年、シーエーピー出版
[3] 『「R」でおもしろくなるファイナンスの統計学』、横内大介著、2012 年、技術評論社
[4] 『ボラティリティ変動モデル』、渡部敏明著、2000 年、朝倉書店

索 引

英字・数字

AR モデル……………………24
ARCH モデル………………24, 111
ARMA モデル………………116
Dickey-Fuller 検定…………99
GARCH モデル……………24, 111
i.i.d.……………………………20
Kolmogorov-Smirnov 検定……129
Ljung-BOX 検定……………80
OLS 法…………………………91
QQ プロット…………………18
VaR……………………………132

あ行

移動平均………………………34

か行

確率関数………………………13
確率分布………………………13
確率変数………………………12
期待ショートフォール………132
共和分……………………25, 149
共和分ベクトル………………149
クラスタ（塊、群）…………154
クラスタリング………………154
群平均法………………………157
コレログラム…………………76

さ行

最遠隣法………………………157
最近隣法………………………157
散布図行列……………………56
時系列データ…………………10
時系列プロット………………38
自己回帰移動平均モデル……32
自己回帰条件付分散不均一モデル
………………………………24
自己回帰モデル……………24, 88
自己共分散……………………82
自己相関関係…………………75
自己相関係数…………………75
市場リスク……………………132
次数……………………………88
（弱）定常性…………………84
重心法…………………………157
修正済み決定係数……………146
信頼水準………………………132
正規分布………………………13
相関関係………………………53
　正の—………………………54
　負の—………………………54
　無—…………………………54
相関係数行列…………………57

た行

単位根…………………………96
単位根過程……………………25
適合度検定……………………18

点過程……………………10
デンドログラム……………154
統計的仮説検定………52, 59
独立同一分布………………20

な行

2種類の誤り………………60
日次収益率…………………17

は行

白色雑音（ホワイトノイズ）………86
ヒストグラム………………11
ヒストリカルボラティリティ…49
標準化残差………………113
標準正規分布………………13
標準偏差……………………14
分散不均一性……………111
分布の裾が重い（厚い）………52
ペアトレーディング………25, 150
平均回帰性………………150
棒グラフ……………………11
ボラティリティ……………38
ホワイトノイズ……………88

ま行

マーク付き点過程…………10
見せかけの回帰………25, 143
密度関数……………………13
モンテカルロ法…………133

や行

有意水準……………………60

ら行

ラグ…………………………75
ランダムウォーク…………98
類別変量……………………11
連……………………………63
　―の検定…………………62
　―の長さ…………………63

わ行

和分過程…………………149
ワルド法…………………157

現場ですぐ使える時系列データ分析
～データサイエンティストのための基礎知識～

2014年3月25日　初版　第1刷発行

著　者　横内 大介／青木 義充
発行者　片岡　巌
発行所　株式会社技術評論社
　　　　東京都新宿区市谷左内町21-13
　　　　電話　03-3513-6150　販売促進部
　　　　　　　03-3267-2270　書籍編集部
印刷／製本　港北出版印刷株式会社

定価はカバーに表示してあります。

本書の一部または全部を著作権法の定める範囲を超え、無断で複写、複製、転載、テープ化、ファイルに落とすことを禁じます。

©2014 Daisuke Yokouchi/Yoshimitsu Aoki

造本には細心の注意を払っておりますが、万一、乱丁（ページの乱れ）や落丁（ページの抜け）がございましたら、小社販売促進部までお送りください。送料小社負担にてお取り替えいたします。

● 装丁　小島トシノブ（NONdesign）
● 本文デザイン、DTP　株式会社 RUHIA

ISBN978-4-7741-6301-7 C0033

Printed in Japan